海 风 下

UNDER THE SEA-WIND

[美] 蕾切尔·卡逊 著

方嘉文 译

外语教学与研究出版社

北京

图书在版编目（CIP）数据

海风下／（美）蕾切尔·卡逊（Rachel Carson）著；方嘉文译. -- 北京：外语教学与研究出版社，2022.4
ISBN 978-7-5213-3477-7

Ⅰ.①海… Ⅱ.①蕾… ②方… Ⅲ.①海洋生物－普及读物 Ⅳ.①Q178.53-49

中国版本图书馆 CIP 数据核字 (2022) 第 054454 号

出 版 人　王　芳
项目负责　章思英　刘晓楠
项目策划　刘雨佳
责任编辑　刘雨佳
责任校对　夏洁媛
封面设计　水长流文化
版式设计　覃一彪
摄　　影　齐七郎
出版发行　外语教学与研究出版社
社　　址　北京市西三环北路 19 号（100089）
网　　址　http://www.fltrp.com
印　　刷　涿州市星河印刷有限公司
开　　本　710×1000　1/16
印　　张　17.5
版　　次　2023 年 2 月第 1 版 2023 年 2 月第 1 次印刷
书　　号　ISBN 978-7-5213-3477-7
定　　价　69.00 元

购书咨询：（010）88819926　电子邮箱：club@fltrp.com
外研书店：https://waiyants.tmall.com
凡印刷、装订质量问题，请联系我社印制部
联系电话：（010）61207896　电子邮箱：zhijian@fltrp.com
凡侵权、盗版书籍线索，请联系我社法律事务部
举报电话：（010）88817519　电子邮箱：banquan@fltrp.com
物料号：334770001

　　1962 年，美国生物学家蕾切尔·卡逊发表了震惊世界、后来又对世界具有重大影响的惊世之作《寂静的春天》（*Silent Spring*）。卡逊向人们揭示了人对自然的冷漠，大胆地将滥用 DDT（滴滴涕）的行为暴露在光天化日之下。1962 年，该书销售了 50 万册。《寂静的春天》发表后，她承受了来自化学工业界和政府部门的巨大压力和猛烈攻击，她被说成是"杞人忧天者""自然平衡论者"。但是，她一直坚持自己的观点，呼吁人类要爱护自己的生存环境，要对自己的智能活动负责，要具有理性思维能力并与自然和睦相处。她不屈不挠的斗争引起了美国公众和社会的认同，并引起了时任美国总统的尼克松的关注。经过总统顾问委员会的调查，1963 年，美国政府认同了书中的观点。1963年，她被邀请参加美国总统的听证会并作证。在会议上，卡逊要求政府制定保护人类健康和环境的新政策。2012 年是《寂静的春天》发表的第 50 周年。全世界许多国家和机构，尤其是环保组织，重温《寂静的春天》引发的环境主义的大讨论，以及在将近半个世纪中，人类对于 DDT 的限制使用引发的讨论。更重要的，人们讨论的是科学技术的应用对环境和自然界的影响。

今天大多数读者只知道卡逊的《寂静的春天》。实际上，她的其他著作和文章同样甚至更加重要。比如，1937 年发表在《大西洋周刊》（*Atlantic Monthly*）的抒情诗"在海洋之下"（Undersea）；1941 年出版的著作《海风下》（*Under the Sea wind*）；1952 年出版、获得美国国家图书奖的《我们周围的海洋》（*The Sea Around Us*）；1955 年出版的《海之边缘》（*The Edge of the Sea*）。

《海风下》是卡逊的处女作，完稿于 1941 年。她在书中生动地描述了北美东海岸海洋生物和鸟类的活动。她将自己的观察通过讲故事的方式叙述出来。一对三趾鹬、一条鲭鱼和一条鳗鱼的生活，通过卡逊富有想象力的描写，成为对孩子和成人进行生物学教育的生动教材。

可惜的是，由于20世纪40年代，包括美国在内的各个国家对环境问题和生物多样性问题关注不够，这本书尽管获得好评，但是在当时并不畅销，后经数次再版，销量才逐步上升。与卡逊的其他著作相比，《海风下》更具故事性、更动人。

美国著名刊物《时代周刊》在1999年第12期，即20世纪最后一期上将蕾切尔·卡逊评选为20世纪最具影响力的100个人物之一。纽约大学新闻学院将《寂静的春天》评选为20世纪100个最佳新闻作品之一。《彼茨堡杂志》将卡逊评选为"世纪彼茨堡人"之一，表彰她在现代环境保护领域的开创性贡献，并称她为现代环境运动之母。卡逊呼吁公众和政府加强对环境的关注和爱护，这一呼吁最终促成了"美国国家环境保护局"的建立和"地球日"的设立。"世纪网站"将卡逊评选为"世纪妇女"。她的名字被记录在妇女荣誉厅。

有许多学者和传记作家研究卡逊的生平，主要成果有《自然的见证人》（*Witness for Nature*），作者琳达·利尔耗时10年研究卡逊的生平、作品及其对世界的影响。利尔的另一部关于卡逊的传记作品是《消失的森林：蕾切尔·卡逊的遗作》（*Lost Woods: The Discovered Writing of Rachel Carson*）。卡逊的生前好友多萝希·富利曼的妹妹玛莎·富利曼编辑的《永远的蕾切尔：蕾切尔·卡逊和多萝希·富利曼通信集》，将两人之间长达 10 年的通信汇集成书，书信详尽地展示了两人之间的亲密友情。在《鸟亦不鸣：蕾切尔·卡逊寂静的春天的修辞分析》（*And No Birds Sing: Rhetorical Analyses of Rachel Carson's Silent Spring*）一书中，作者克莱格·瓦德尔通过其收集的各种关于卡逊作品的文章，分析了《寂静的春天》中卡逊的语言风格和特点。

研究卡逊的学者和作者认为，在过去的半个世纪内，卡逊的思想打破了世界影响力的平衡。卡逊的研究及其行动主义（activism）至少在某种程度上引发了"深层生态学"（deep ecology）运动以及整个 20 世纪 60 年代的草根环境运动。与此同时，卡逊思想也引发了"生态女权运动"（ecofeminism），激励了女性科学家参与环境研究。

卡逊在总统科学咨询委员会（President's Science Advisory Committee）上关于 DDT 的证词也引发了政府科学决策的思维方

式。1967 年，美国环保协会（Environmental Defense Fund）的成
立是反对滥用 DDT 运动的里程碑。1972 年，该基金会和其他行
动主义者在美国成功限制使用 DDT。1970 年，尼克松政府成立
了环保局。美国农业部也承担起制定限制使用杀虫剂的法律和规
定的职责。有学者和记者认为，这些成就都源于《寂静的春天》
的影响。其中，环保局 1972 年制定的《联邦政府杀虫剂、杀菌
剂和灭鼠剂法》（*Federal Insecticide, Fungicide and Rodenticide
Act*）与卡逊的著作提出的思想和数据有直接关系。

20 世纪 80 年代，里根政府将发展重点放在经济增长上。环
境问题不再是政府关心的重点。保守主义者和自由主义者以及化
学工业企业开始对政府限制使用杀虫剂，尤其是 DDT 的法令进
行批评。对环境的忽视导致许多问题再次在美国出现，来自利益
集团和个人的批评不断升级，尤其是在 20 世纪 80 年代到 90 年
代，政治学者查尔斯·鲁宾（Charles Rubin）的批评极其激烈，
其程度超过《寂静的春天》刚刚出版、批评声音最为密集的时候。

进入 21 世纪，对 DDT 使用限制法案的批评更为激烈。2009
年，自由主义组织"竞争企业学会"（Competitive Enterprise
Institute）在自己的网站上公开宣称："世界上数以百万计的人遭

受疟疾的痛苦和死亡的威胁，这仅仅是因为一个人发出了错误警报。这个人就是蕾切尔·卡逊。"2012 年，洛玻·顿在《自然》（*Nature*）杂志上发表纪念《寂静的春天》出版 50 周年的评论文章，引发十多位学者的回应。他们认为"对证据的错误理解和由于误导产生的恐惧"导致了六千万到八千万人的死亡。

面对质疑声，传记作家汉密尔顿·莱特尔认为，所有的这些指控都是建立在不真实的评价之上的，甚至对卡逊思想所引发的环境运动的指控也是有害的。事实是，DDT 从来没有被限制在消除疟疾中使用，包括在美国境内。《2001 年斯德哥尔摩关于有机污染物国际公约》（*the 2001 Stockholm Convention on Persistent Organic Pollutants*）规定了在消灭疟疾方面的 DDT 的最大使用量。

20 世纪 70 年代至 80 年代，某些国家仍然禁止在室外大面积使用 DDT，比如斯里兰卡。主要是因为 DDT 在杀灭蚊子方面没有效果。在不发达国家，由于没有替代物和预防措施，DDT 的滥用并没有得到有效遏制。"非洲反疟疾组织"（Africa Fighting Malaria）公开支持《关于持久性有机污染物的斯德哥尔摩公约》。但是，他们对卡逊的思想持尊重的态度。他们认为："很多人利用卡逊来推行自己的主张。在谈论 1964 年去世的某个人的时候，我们必须谨慎。"

尽管各个国家和不同利益群体对 DDT 的使用持不同看法，但人们对卡逊的尊重却是持久的。在过去的半个世纪，大量的组织和机构不断成立，从政府机构到环保组织，以及学术机构都在不断纪念卡逊的思想，研究她的生平和学术成果。1980 年6 月 9 日，卡逊被授予美国公民最高荣誉奖："总统自由勋章"（Presidential Medal of Freedom）。第二年，美国发行 17 种"伟大的美国人系列纪念邮票"，卡逊名列其中。其他一些国家也陆续出版发行了卡逊纪念邮票。

在美国，有一些以卡逊的名字命名的地方。例如位于宾夕法尼亚州的斯普林代尔市——卡逊的出生地和孩提时代生活的地方——被命名为"蕾切尔·卡逊家园"。1975 年，非营利组织"蕾切尔·卡逊家园协会"成立，负责管理这个家园。缅因州国家自然生态保护区被命名为"蕾切尔·卡逊自然保护区"。

卡逊的名字还被很多慈善机构、教育机构和学术机构用来命名奖项。比如，1993 年，"美国环境历史学会"设立"蕾切尔·卡逊最佳论文奖"，1998 年，"社会学研究学会"设立"蕾切尔·卡逊图书奖"。

2014 年，在卡逊逝世 50 周年之际，世界各国再次掀起纪念这位美丽的自然女神的高潮，环境主义者和自然主义者展开对当今地球环境问题的思考和讨论，话题延伸到人类未来的命运与出路。卡逊的著作和言论不断被人们提及和重申。外研社将《海风下》译介进中国，将有助于读者获得对生物，尤其是海洋生物及其对生态环境的影响的认识，对于提升国人对生命的热爱和对人类唯一生存的星球的关爱具有极其重要的意义。

卡逊的勇敢和不畏强权、维护真理，面对诽谤和人身攻击毫不妥协的精神在人们的纪念和持续不断的研究中，进入到大众文化中，帮助公众提升了环境意识。而大众环境意识的提高才是保护环境的真正力量。如果卡逊的在天之灵知道她身后仍然具有如此重要的影响，这位美丽的自然女神大概会感到宽慰。

李大光（中国科学院大学 教授）

献给我的母亲

只要有阳光与雨水，这些都将继续存在；

直到最后一丝海风吹在所有这些之上

翻动着海水。[1]

——斯温伯恩[2]

1. 出自诗歌《被遗弃的花园》（*A Forsaken Garden*）。——编者注。——书中脚注如无特殊说明，均为编者注。
2. 阿尔杰农·查尔斯·斯温伯恩（Algernon Charles Swinburne，1837 年~1909 年），英国诗人、剧作家、小说家和文学评论家。

序

　　《海风下》旨在将海洋及海洋里的
生命的故事生动地呈现给读者，它的
内容基于我在过去十年里的积累。

　　这本书的撰写，更深一层的动机
在于我深信海洋中的生命的故事值得
被人们知晓。站在海洋的边缘，体会
潮水的涨与落，感受薄雾在一大片盐
沼上飘移，看着滨鸟在碎浪带前后默
默地飞过——它们的这一习性已经持
续了数千年，看那年迈的鳗鱼和年幼
的西鲱一齐游向海洋，这一切行动都
是在尝试了解这些在地球上存活得几

乎最久的生物。它们在人类最初来到海边、满心惊奇地向外眺望
之前就已存在；在人类王国崛起与没落期间，它们继续着自己的
生活，跨越了多个世纪与时代。

在构思本书的时候，一开始我就面临着选定主角的问题。没
过多久，我就发现，很明显，没有哪一种动物的踪迹能够遍布我
的写作将要涵盖的广阔领域——无论是鸟类、鱼类、哺乳动物还
是任何一种海洋里的小型生物。不过无论如何，我意识到海洋本
身才是主角，不管我愿不愿意，都必须这样。如此，之前的问题
就解决了。海洋的感觉掌控着生活于其中的每一个生命的生死，
从体形最小的到体形最大的生物，无一例外，因此它不可避免地
贯穿于每一页的描写中。

《海风下》由一系列描述性叙述组成，这些叙述依次展开。
首先是对海滨生物的描写，随后转移到开阔的海洋上，最后到达
海底，一探究竟。由于读者将通过阅读书中几乎不带任何评论的
描述来了解这些场景，因此，一些"程序说明"是必要的。

在卷一（"海之边缘"）中，我通过再创作讲述了在北卡罗来
纳州海岸的一小片区域里的生命的故事。在那里，燕麦草长在翻
滚的沙丘上，盐沼分布广阔；那里有轻轻的声响，也有狂野的海

滩。我选择了春季作为故事的开端，因为那时黑剪嘴鸥正从南方返回，西鲱正从海洋洄游到河流，滨鸟的春季迁徙也正值巅峰之时。看到一只矶鹬在春日里的海浪边奔跑和探寻，就等于瞥见了一场处于夏季的冒险前夕的迁徙。这次迁徙如此壮观，因此我花了整整一章来描写生活在北极冻原的滨鸟的冒险旅程。随后，我们在夏末之时随鸟儿回到卡罗来纳海湾区域，看到了滨鸟、鱼、虾以及其他生活在水里的生物的所有活动，看到了季节的变换。

卷二（"海鸥之径"）是与第一卷在同一时间段内发生的故事，只是地点变成了远洋，这里的季节更替有所不同。远洋——那是距陆地数英里外的区域——的生物丰富多样，它们的美奇特怪异，几乎全然不为人类所知，只有少数人才能有幸了解它们。第二卷的主角是一位真正的海洋漫游者——鲭鱼，我们将从它那在广阔的表面水域的诞生说起，随后讲到它童年生活在漂游的浮游生物群间时遇到的起伏变迁以及年轻时生活在为其带来庇护的新英格兰海湾里的日子，直到它加入漫游于海洋中的鲭鱼群。它们遭受着捕食鱼类的鸟类、体形更大的鱼类以及人类的攻击。

卷三（"河海之交"）则是关于那缓缓倾斜的海床组成的大陆

板块的边缘和大陆架、那陡然下倾的大陆坡以及深海海渊。幸好，有一种动物的生活涉足以上所有地方，这在海洋和陆地的历史上无物能及。这种生物就是鳗鱼。想要描绘这种非同寻常的生物的完整生活，我们仍然必须从那遥远的滨海河流分支说起——鳗鱼在那里度过了成年生活中的大部分时间，然后我们则要跟上它们在秋季里为了繁殖后代而向海洋进发的洄游之旅。其他鱼类会在秋天离开海港和海湾，它们一旦找到温暖的、可以过冬的水域就会终止旅程。但鳗鱼却会继续前行，直到来到位于马尾藻海[1]附近的海渊中。它们将在这里生育后代并死去。每年春天，年幼的鳗鱼将从这陌生的深海世界中独自回到滨海河流中。

　　如果想了解作为海洋生物中的一员是什么感受，那么需要主动运用自己的想象力，暂时抛开许多属于人类的观念以及人类度量时空的标准。例如，如果你是一只滨鸟或是一条鱼，那么根据时钟或是日历来制定时间刻度将会变得毫无意义，但光明与黑暗、涨潮与退潮的更替决定着何时进食、何时禁食以及何时易被敌人发现、何时将暂获安全。如果不调整我们的思考方式，我们

---

1. 马尾藻海是大西洋上一片面积约为 500 ~ 600 平方千米的水域，虽名为"海"，但四面均与大陆不相连，因此并不能算严格意义上的海。马尾藻海以其中大量生长的马尾藻得名，水质极为清澈，环绕百慕大群岛，因吞噬大量船只而在人类航海史上闻名。

将无法全面体会到海洋生命的妙处——无法将自身间接地投射其中。

但是，如果我们看到一条鱼、一只虾、一只栉水母或是一只鸟并觉得真实——就像一只动物实际上那么真实一样——我们也无法完全不用人类行为来类比它们的行为。因此，我在文中会有意地使用某些表达，而这些表达在正式的科学著作中是被禁止的。例如，我曾说过一条鱼"惧怕"它的敌人，那不是因为我认为鱼会像人一样体验到恐惧，而是因为我觉得它的行为让它看起来像是被吓到了一样。对于鱼类来说，这种反应大多是纯生理性的；而对于我们来说，则主要是心理性的。但是，要想使这条鱼的行为易于被我们理解，就必须用到专门描述人类心理状态的词语。

在选用动物名方面，在条件允许的情况下，我都会沿用该动物所处的属的学名。如果那名字实在太吓人，我就选用某些描述该生物外观的词语作为替代。在命名某些北极动物时，我采用了它们在因纽特语中的名字。

本书末尾的部分包含了一个词汇表，用于介绍一些鲜为人知的海洋动植物，已经认识那些动植物的读者可以借此重温。

没有任何一个人，即使是在寿命较长的一生中，可以通过个人体验与海洋的各个部分和其中的生命完全熟悉起来。因此，作为对我个人经验的补充，我从丰富的科学文献和半科普文献中选取了大量的基本事实，并在这个基础上通过我个人的演绎将它们融入故事中。要将我参考过的所有资料都罗列出来是不可能的，不过，可以列出一些影响较大的作品：阿瑟·克利夫兰·本特（Arthur Cleveland Bent）[1] 那十三册记述北美鸟类生活史的超凡作品；亨利·比奇洛（Henry Bigelow）[2] 的《缅因湾的鱼》（*Fishes of the Gulf of Maine*）、《缅因湾的浮游生物》（*Plankton of the Gulf of Maine*）以及他刊登于科学期刊中的多篇探索从缅因湾（the Gulf of Maine）至哈特拉斯角（Cape Hatteras）之间滨海水域的学术论文；约翰内斯·施密特（Johannes Schmidt）[3] 那篇不朽的研究鳗鱼生活史的论文；乔治·萨顿（George Sutton）[4] 的《南开普敦岛探险》（*Exploration of Southampton Island*）；塞特（Sette）未

1. 阿瑟·本特，1866 年~1954 年，美国最重要的鸟类学家之一，他的著作《北美鸟类生活史》（*Life Histories of North American Birds*）为鸟类学研究奠定了大量基础。
2. 亨利·比奇洛，1879 年~1967 年，海洋研究的先驱之一，他的广泛研究被认为是现代海洋学的奠基。
3. 约翰内斯·施密特，1877 年~1933 年，丹麦生物学家，首先发现了鳗鱼在马尾藻海产卵的事实。
4. 乔治·萨顿，1898 年~1982 年，美国鸟类学家，鸟类画家。

发表的关于鲭鱼生活史的手稿；以及约翰·默里爵士（Sir John Murray）[1] 和约翰·约尔特（Johan Hjort）[2] 所著的海洋学中的圣经《海洋深处》（*The Depths of the Ocean*）。

　　除了这些书面素材外，和那些对海洋生命有着丰富体验的人们交流也令我受益匪浅。他们将自己的部分知识传授给了我。在这些人中，我首先要提到埃尔默·希金斯（Elmer Higgins），如果没有他的爱好、鼓励和帮助，这本书也许永远都没法写成。其他耐心回答了我的问题或提供了有用信息的人还有：罗伯特·内斯比特（Robert Nesbit）、威廉·内维尔（William Neville）、约翰·皮尔森（John Pearson）以及爱德华·贝利（Edward Bailey）。

---

1. 约翰·默里，1841 年 ~1914 年，苏格兰海洋学家、博物学家，被认为是"现代海洋学之父"，于 1898 年被封爵。
2. 约翰·约尔特，1869 年 ~1948 年，挪威鱼类学家，海洋动物学家，海洋学家，曾与约翰·默里一同参与北极考察，后写成《海洋深处》。

目　录

卷一　海之边缘

涨潮

　　海岛被笼罩在阴影之下。这里的
阴影，比那片在不知不觉中迅速蔓延
于东边海湾的阴影浓重一些。在海岛
西岸，天上淡淡的微光投映在狭窄而
潮湿的海滩上，留下一条波光粼粼的
水路，直通远处的地平线。残阳给海
滩和海面镀上了一层金属般的光泽，
使人很难找到海水与陆地的分界线。

　　虽然这只是一个小岛，小到一只
海鸥拍打二十次翅膀就能够飞越，但
此时黑夜还是降临到它的北面和东面
了。在这里，沼泽草肆意蔓延到深色

的水里，浓重的阴影散落在矮生雪松和代茶冬青之间。

乘着薄暮，一只长相奇特的鸟从外海滩的筑巢地来到了这个岛屿。它的翅膀是纯黑色的，两端翼尖之间的距离比人的一只手臂还要长。它平稳而坚定地飞越了海湾，就像逐渐吞噬掉那条明亮水路的阴影一样，它的每一次展翅都动作精准，意图明确。这是一只被称作黑剪嘴鸥的剪嘴鸥属鸟。

在靠近海岸时，黑剪嘴鸥飞得离海水更近了，黑色的身躯变成了暮色下清晰的剪影，仿佛是一只大鸟一掠而过时投下的影子。它的动作如此安静，即使拍动翅膀发出了声音，这声音也淹没在湿沙上海水翻动贝壳发出的哗哗声中了。

当最后一次大潮来临时，海水在新月的作用下，轻轻拍打着在海岸沙丘边缘扎根的海燕麦。黑剪嘴鸥和它的同伴也来到了海湾外围屏障线与大海之间的沙地上。它们在尤卡坦半岛的海岸越冬，之后向北迁徙来到了这里。伴着六月温暖的阳光，它们将在海湾的沙质岛屿和外海滩上产卵，并孵化出浅黄褐色的雏鸟。然而，经过漫长的飞行到达这里后，它们早已疲惫不堪。日间它们在潮水退去时待在沙洲上休息，晚上在海湾及其边缘处的沼泽里漫步。

在满月之前，黑剪嘴鸥就记住了这个岛屿。岛屿位于一个安静的海湾上，海岸承接着来自南大西洋的巨浪。海岛北面，一条深邃的海峡将海岛与大陆分隔开来，每当退潮时，此处海水的冲击显得尤为猛烈。海岛的南面则是缓缓倾斜的沙滩，因此，渔夫可以在缓缓流动的海水里深入半英里[1]左右来扒扇贝或者收网捕鱼，直到海水淹没他们的腋窝为止。在这些浅滩里，幼鱼群聚，捕食着海水中的小猎物，虾群则向后甩着尾巴腾跳着。浅滩里丰富的生物资源引得黑剪嘴鸥在夜间离开海岸上的筑巢地来这里捕食，它们盘旋着，观察并筛选猎物。

潮水在日落时曾退下。现在，潮水又缓缓升起，覆盖了黑剪嘴鸥下午时的栖息地，漫过入水口，淹没了沼泽地。夜间的大部分时间，黑剪嘴鸥都会捕食，它们张开纤长的翅膀滑翔于水面之上，寻找那些随着涨潮而至、在布满水藻的浅滩上栖息的小鱼。黑剪嘴鸥依靠涨潮的时机捕食，这一特性使它获得了"涨潮鸥"之称。

在海岛的南边，海滩上的水深不过人的一臂，缓缓地淌过微微拱起的滩底。而黑剪嘴鸥已经在浅滩上盘旋并驻扎。它以一种

1. 1 英里约等于 1.6 千米。

罕见而轻快的动作飞翔着，只见它翅膀向下一拍，之后再高高扬起。它把头垂得很低，只有这样，锋利如剪刀刀刃的长下喙才能插入水里。[1]

喙刃，或者说是分水角，会在平静的海湾表面划出一道细小的水纹，激起微波，微波继而直穿入海水，碰撞到沙质的海底后又反弹回水里。在浅滩徘徊觅食的鳎鱼和鲦鱼察觉到了海水的变化。在鱼类的世界里，声波可以说明很多事情。有时候，水的振动说明上层水面有成群的类似小虾或者桨足甲壳动物等可供捕食的动物正在移动。所以，当黑剪嘴鸥掠过，激起连连微波时，小鱼们好奇而又饥饿地探索着游向水面。而黑剪嘴鸥在水面上盘旋了一会儿后，便沿原路返回，就在短上喙一张一合间，迅速叼起了三条鱼。

"啊——"黑剪嘴鸥叫道，"哈——！哈——！哈——！"它的叫声刺耳又响亮，在水面上传播得很远。从沼泽传来回音一般的声响——那其实是其他黑剪嘴鸥回应的叫声。

当海水一寸一寸地涌上海岸时，黑剪嘴鸥在海岛南边的沙滩上方徘徊，引诱鱼儿沿着它的路径往水面游，然后原路返回将它

---

1. 剪嘴鸥是唯一一种下喙比上喙长的鸟类，它们捕食时会紧贴水面飞行，将
   下喙探入水中取食。

们抓住。吃完小鱼消除了饥饿感后，它拍打了六下翅膀，从水面盘旋而上，开始围绕海岛飞翔。在它翱翔于沼泽东面时，大群鳉鱼在它身下游动，穿梭在水里的干草堆中，但这些鳉鱼并没有危险，因为黑剪嘴鸥的翅膀张开时实在太大了，无法从草丛间飞过。

黑剪嘴鸥突然一个转身，飞往岛上渔夫建造的码头，越过海峡，将盐沼远远抛在身后，尽情享受在空中自由翱翔的乐趣。它加入到了一个黑剪嘴鸥队伍里，与它们一起成群结队地飞越沼泽地。它们有时候像夜幕上闪现的一抹黑影；有时候又像一群幽灵，如燕子般在空中盘旋，露出白色的胸部和闪烁着微光的腹部。这个奇异的黑剪嘴鸥夜间合唱团一边飞，一边提高嗓音，唱着古怪的曲调，时而高时而低，一会儿温柔如哀鸣的白鸽在咕咕叫，一会儿又刺耳如乌鸦在哑哑噪。整个合唱团的歌声时而高亢，时而低沉，有力而跳跃，后来，像远处的犬吠声一样，渐渐消失于静谧的夜空。

黑剪嘴鸥们环绕着海岛飞翔，一次又一次穿过了南面的沼泽上空。整个涨潮期间，它们都会成群地在安静的海湾水域捕食。黑剪嘴鸥热爱漆黑的夜晚。而今夜，厚厚的乌云如它们所愿，遮蔽了月光，海水一片漆黑。

海滩上，海水冲刷着成排的不等蛤和小扇贝，发出轻轻的叮当声。海水轻快地流过石莼[1]堆，惊起了下午退潮时躲避至此的沙蚤。沙蚤乘着浪尖漂出来，在回流的水里仰泳，尽情地向上伸展着足部。沙蟹[2]是它们的天敌，总在夜间沙滩上悄无声息地快速移动，而在此刻，水里的沙蚤并不受沙蟹的威胁。

那晚，在岛屿周边的水域里，除了黑剪嘴鸥之外，还有很多其他生物在浅滩上觅食。随着夜色渐浓，拍打在沼泽草上的潮水渐高。两只菱斑龟悄悄地溜进了水里，加入其他同类组成的前进队伍中。这两只都是刚刚在高潮线以上的沙滩里产完卵的雌性菱斑龟。在柔软的沙滩上，它们用后腿挖出了深度不及自己体长的壶状巢穴，并在里面产下了卵。一只产下了五枚卵，另一只产下了八枚。随后，它们小心地用沙子掩埋这些卵，前后爬动以抚平沙面，掩饰巢穴。那时，沙滩上已经有其他的巢穴了，但没有一个巢穴的形成时间超过两周，因为菱斑龟的繁殖季从五月才开始。

正当黑剪嘴鸥尾随鳉鱼接近沼泽庇护地时，它看到菱斑龟在

1. 亦称海白菜、海莴苣等。
2. 沙蟹善于在沙滩上奔跑，据研究是世界上跑得最快的蟹。

浅滩急速退去的潮水中游动。菱斑龟在小口咬着沼泽草，为了摘食爬到叶子上的小蜗牛。有时，菱斑龟会游到水底捕食螃蟹。其中一只菱斑龟经过了两根像桩子般直直插在沙里的东西，那是"独行侠"大蓝鹭的两条腿，它每晚都会从三英里外的栖息地飞到海岛上捕鱼。

大蓝鹭站着一动也不动，脖子弯曲、贴近肩膀，悬在半空的喙时刻准备着刺穿从它两腿间快速穿行的鱼。那只菱斑龟往深处游去时惊动了一条年幼的鲻鱼。在惊慌与困惑中，鲻鱼急忙向沙滩游去。目光锐利的大蓝鹭察觉到了它的动静，用喙直直地一下子刺穿它。大蓝鹭将猎物抛在空中，接住鱼头，随后整条吞下。忽略之前捕食的小鱼苗的话，这是大蓝鹭在今晚捕到的第一条鱼。

潮水淹没了海滩上近一半杂乱分布的海藻残片、零碎的枝杈、风干的蟹爪和贝壳的碎片——而这是高水位的标志。高潮线之上，菱斑龟此前产卵处的沙子下有轻微的骚动。这个繁殖季诞下的幼龟要到八月才会孵化，而此刻沙中还有许多去年的幼龟，它们仍未从冬眠中醒来。在冬天，年幼的菱斑龟依靠吃胚胎时期剩余的卵黄来生存。许多幼龟都没熬过来，因为这个冬天实在太长了，霜冻深深地浸入了沙子里。而幸存下来的也大多瘦弱憔悴，它们在壳里的身体皱缩得比刚孵化的时候还小。如今，在成年菱斑龟产下新一代卵的沙滩上，它们无力地爬动着。

当潮水涨到一半的时候，菱斑龟卵床上方的草丛出现一阵起伏，如清风掠过一般，但那晚并没有起风。卵床上方的草丛被拨开了。原来是一只老鼠，带着年深日久的狡诈和对血的饥渴，在草丛中，沿着一条由自己的爪和结实的尾巴开辟出来的顺畅小路，向水里进发。这只老鼠和伴侣以及其他同类一起生活在渔民用来存放渔网的小棚子里。许多在岛上筑巢的鸟产下的卵以及新孵出的幼鸟都会沦为它的美食，这为它带来了相当不错的生活。

那只老鼠藏身于龟巢上方的草丛边上探视外部情况时，离它仅一投石远的大蓝鹭突然从水中弹了起来，它大力拍动着翅膀，飞越岛屿，往北边的海岸去了。原来，大蓝鹭看到两个渔民乘着小渔船从海岛的西面驶来。借着船头的灯光，渔民正在用鱼叉叉鲆鱼，只见他们在浅水中熟练地将鱼叉刺向鱼的下方[1]。黄色的光点在暗不见底的水面移动，引领船只前进。行船过处，粼粼细浪向着岸边荡去。沙床上方草丛中的老鼠双眼绿光闪闪，警惕地盯

---

1. 由于光的折射，肉眼看到的水中的鱼的位置比它实际所在的位置要低，
   因此，有经验的捕鱼者会往鱼下方叉。

着眼前的一切，一动不动，直到渔船经过南岸驶往小镇码头。这时，老鼠才从小径上一路滑行到沙地。

空气中充斥着浓郁的菱斑龟和新生龟卵的气息。这气味使得老鼠兴奋地吱吱叫并疯狂地四处嗅，它随即开始掘沙，几分钟后就发现了一枚卵，在壳上刺了一个洞来吸食卵黄。随后，它又发现了两枚卵。它本打算把它们都吃掉，但是，它听到旁边的沼泽草丛有动静——那是一只幼龟在爬动的声音。幼龟藏身于根茎和泥土缠绕在一起的草丛中，此时海水渗进来了，它正在努力地从海水中挣扎逃离。一个黑影穿过沙地，越过了水面。正是那只老鼠，它抓住了幼龟，并用牙齿咬住、将它叼走，穿越沼泽草丛，来到更高处的沙丘上。它全神贯注地啃着幼龟薄薄的壳，并没有注意到潮水正悄悄地涌上来，逐渐淹没沙丘。涉水返岸的大蓝鹭随后出现，它逼近老鼠，然后一下刺了下去。

那是个安静的夜晚，除了海水的涌动和水禽的动静外，并没其他声响。风，也入睡了。水湾方向传来碎浪拍打在滨外沙坝上的声音，但这遥远的海浪声也静如叹息，仿佛是海洋在海湾外睡着了，匀速地呼吸着。

估计只有最敏锐的耳朵才能听到，寄居蟹在拖着它的贝壳房移动，在水面稍上的地方，一路沿着海滩前行：这小精灵拖着脚在沙砾地上走着，身后的贝壳房与其他贝壳相碰时摩擦作响。也只有最灵敏的耳朵才能听到溅起的小水滴跌落的声音，那水滴是小虾被海里的鱼群追逐，不得不纵身跃出水面时激起的。而海岛的这些声音在夜里未被察觉，它们只属于海水和海岸。

至于陆地，则更是沉默。大地上仅能听到一种昆虫发出的微颤声，这只是石鳖鸣奏的春之序曲罢了，再过一段时间，它将用连续不断的鸣奏曲填满整个夜晚。沉睡在雪松上的鸟儿间或发出喃喃私语——寒鸦和嘲鸫不时醒来冲对方懒洋洋地叫着。在午夜时分，有一只嘲鸫鸣唱了将近一刻钟，模仿了它在日间听到的所有鸟类鸣唱的音乐，还融入了自己的颤音、窃笑和口哨声。最后，连它也安静下来，将黑夜归还于海水和海浪声。

那天夜里，海峡的深处游过一群鱼。它们腹部圆润，鱼鳍柔软，全身布满大片的银色鳞片。那是一大群赶着产卵的西鲱，刚从海里洄游至此。它们前几天都待在水湾的碎浪之外。今晚，随着高涨的潮水，它们穿过了那引导渔民从外归来的浮标，游过了水湾，正在经海峡横渡海湾。

夜色更深了，海水在沼泽地里的水位越升越高，最终流入了河口。银色的鱼儿加快了动作，寻找盐分相对较低的水流作为通往河流的路径。河口广阔且水流缓慢，比海湾的狭长区域略宽。河口岸边盐沼零星分布，沿着曲折的河道一路向上。再远处，潮水奔腾汹涌，苦涩的味道表明其源自海洋。

部分迁徙的西鲱三岁了，这是它们第一次回来产卵。鱼群中还有少数西鲱已经四岁，这是它们第二次回到河里的繁殖地，它们更加懂得在河流中判断方向和应对河流中时而出现的交叉口。

西鲱对水流有超群的感知能力：凭借着细致的鱼鳃和敏感的鱼侧线，它们可以察觉到水流中盐分的减少和陆向水流的流速与振幅的改变。如果将这种能力称为"记忆"的话，稍年轻的西鲱对河流的印象是非常模糊的。它们在三年前离开了河流——那时年幼的它们还没有人的手指长——沿着河水游到了下游的河口，在秋寒降临前游进了大海。随后，它们全然忘却了河流，在海里四处漫游，捕食着虾和端足目动物。它们前进速度之快，路线之迂回，使得至今仍没有人能够追寻到它们的踪迹。它们或许是在远离海面的温暖深水区域越冬，栖息于大陆架边缘的微光之下，只是偶尔才会胆怯地游过边缘——那儿只有深海特有的黑暗与寂静。又或许它们在夏天会畅游到远海，饱食海面丰富的食物，在银色的鱼鳞盔甲下增加一层又一层雪白的肌肉和肥美的脂肪。

当地球三次穿过黄道后，西鲱群就会沿着只有鱼类知道，也只有它们才能通行的路线前进。在这第三年，当海水由于太阳南移而逐渐变暖的时候，为避免种族灭绝，西鲱回到出生地繁衍后代。

现在大多数洄游至此的鱼都是雌性，它们因为怀着鱼卵而大腹便便。如今已是繁殖季末期，大量鱼群都已离开。早先进入河流的雄鱼，已经到达繁殖地并排下精子。部分打先锋的鱼逆流直上一百英里，到达河流还未成形的发源地——一片阴暗的柏树湿地。

每条待产雌鱼一个繁殖季能产下十万多颗卵，但其中只有一到两颗可以在充满危机的河流与海洋里存活下来，及时洄游并繁殖后代。大自然这种残酷的选拔方式有效地控制了这个物种的规模。

岛上的一个渔民在傍晚时已经外出布网，所布的刺网是他与镇上另一个渔民共有的。他们几乎是以与河岸垂直的角度将一张大网锚定在河流西岸，并保证它在河流里充分展开。当地所有的渔民都是从他们的父辈那里得知，而他们的父辈也是从上一辈那里得知：从海湾峡道涌入浅水河口的西鲱，由于水道封闭，会被堵在河口西岸。为此，西岸上布满了建网之类的固定渔具，而使用移动渔具的渔民就必须苦苦竞争，只为争得所剩不多的空位来布网。

就在今晚安置刺网之处的上游，安置着建网那长长的网墙。柔软的水底插着杆子，建网就固定在这些杆子上。一年前，使用建网的渔民和使用刺网的渔民曾经闹翻过，原因是建网渔民不满刺网渔民将网布在建网的正下游，拦截了大部分的鱼，而这些被掠走的数量可观的西鲱本应该是要进入他们网里的。由于人数不敌建网渔民，刺网渔民只得在接下来的捕鱼季里在河口的另一个地方捕鱼，眼睁睁地看着少得可怜的收成，咒骂那些建网渔民。今年，他们选择了在黄昏的时候布网，黎明时收网。因为他们的对头在日出的时候才会去察看建网，而那时候，刺网渔民早已将船开到下游，渔网也在船上放得好好的，谁也不好说他们在哪里捕了鱼。

临近午夜，潮水将要升至最高位。浮子纲在上下浮动，原来是刺网扣住了迁徙团队中第一条到来的西鲱。浮子纲在震动，有好几个软木浮子都被扯到水面下了。这条足有四磅 [1] 重的西鲱，头部穿入了一个网孔中，它正在奋力逃脱。在这条西鲱使劲地往网的方向用力的时候，刺网上绷紧的圆形线圈已在不知不觉间卡在它的鳃盖下，深深地压在它脆弱的鳃丝上；它再次用力地向前扑，要挣脱这个让它剧烈疼痛、快要窒息的线圈，但线圈就像个钳子，既阻止它继续往上游，又不让它往回游——回到它已离开的海洋里寻求庇护。

　　浮子纲在那晚弹动了很多次，有很多鱼都被刺网扣住了。它们中的大多数都因为窒息而慢慢死去。因为鱼呼吸时，水流由嘴吸入再从鱼鳃排出，而刺网的细线会妨碍鳃盖规律的呼吸运动。浮子纲曾有一次弹动得非常剧烈，而且在十分钟后还被拖到了水面下。那是一只鸬鹚，当时正在水下五英尺 [2] 的地方追逐一条鱼，它穿过刺网的时候被卡住了肩，它的翅膀和瓣蹼足猛烈地挣扎着，但还是被缠得牢牢的。没过多久，这只鸬鹚就淹死了。它的身体无力地挂在渔网上，旁边是大量银色的鱼的尸体，它们的头都朝着上游，朝着它们的繁殖地，在那儿，早先到达的雄鱼正在等待着它们。

1. 1 磅约等于 0.45 公斤。
2. 1 英尺等于 0.3048 米。

当最开始那六条西鲱被困于渔网的时候，生活在河口的鳗鱼便知道它们再过不久就会有机会吃上一顿丰盛的大餐了。自黄昏起，它们就以曼妙的泳姿沿着河岸徘徊，伸着吻部探进蟹穴，不放过任何一个可以捕捉到的小型水生生物。鳗鱼一方面靠自己的努力捕食生存，另一方面也会在时机恰当时扮演强盗，掠夺渔民刺网里的鱼。

几乎所有在河口的鳗鱼都是雄鱼。幼鳗在海里出生，当他们从海里来到河口的时候，雌鱼会逆流直上到河流和小溪里，但雄鱼会留在河口，等待着它们未来的伴侣长得圆润丰满后回到河口与它们重聚，然后一同回到海洋里。

鳗鱼们从沼泽草根下的洞里探出头来，缓慢地前后摇摆，热切地品味着吸入口中的水，它们敏锐的感官察觉到鱼血的味道。鱼血是在被捕的西鲱挣扎的时候通过海水缓缓扩散开来的。鳗鱼们逐一从洞里溜出，寻着味道在水中穿行，来到了刺网前。

那天晚上，鳗鱼们如皇室般享受了一顿盛宴。大部分被捕的鱼都是怀着鱼卵的西鲱，鳗鱼凭借着尖利的牙齿撕破了西鲱的肚子，将里面的鱼卵全部吃光。有时候，它们会将所有的鱼肉都吃掉，网中剩下的就只有鱼的皮囊和一两条被困的鳗鱼。这些掠夺者并没有能力在河里捕捉活着的西鲱，所以，想要如此饱餐就只能盗取刺网中的鱼。

随着黑夜的推进，涨潮结束了，来上游的西鲱减少了，再也没有鱼命丧刺网。其中少数几条被扣得不是很牢的鱼，在潮水退尽前，借着回流的潮水逃出刺网，重返大海。这些成功逃脱的鱼中，有的又被建网的网墙误导，沿着密网组成的网墙游到了建网的中心，落入网圈，最终被困其中；不过，大多数从刺网成功逃出的鱼都往回游了数英里，现在在休息并等待着下一次涨潮。

当渔民带着提灯划着船来到海岛北岸时，码头木桩上的水位线已经露出了两英寸。渔民的靴子在码头上的踩踏声、船桨划动时与桨托间的摩擦声以及渔民划过海峡前往小镇码头去接他的同伴时船桨激起的水花声，种种声响打破了待捕之夜的宁静。随后，海岛又重归沉默，渔民静静守候。

虽然东边依旧未见光亮，但海水和空气中的黑暗却明显地减弱了，仿佛没有午夜时的黑暗那么厚重、难以穿透。一阵清新的海风从东边吹来，拂过海湾，抚过渐退的潮水，荡起细小的海浪，拍向沙滩。

大多数的黑剪嘴鸥已经离开海湾，从水湾返回到外海岸去

了。只有最初的那一只黑剪嘴鸥留下了。它似乎愿意一直围绕着
海岛飞翔，在沼泽地或在河口布网捕西鲱的地方，发动大规模突
击。当它穿过海峡并开始准备再一次前往河口的时候，天空中的
亮光已足够让它看到两个乘船而来的渔民。他们要驶到刺网上浮
子纲旁的位置。白雾飘拂于水面之上，围绕着站在船上正在竭力
拉起刺网尽头的锚线的两个渔民。锚被扯出水面后就被抛在了船
舱底，锚后拖着一大丛川蔓藻。

那黑剪嘴鸥贴着水面飞行，越过上游后前进了一英里左右便
转过身，围绕着沼泽地飞行，又再一次回到了河口处。强烈的鱼
腥味和水藻的气息伴随着晨雾飘来，渔民的话语在水面上清晰可
闻。他们一边咒骂，一边拉起刺网，将网上的鱼弄下来，并把湿
淋淋的渔网堆放在渔船平坦的底板上。

路过渔船后，那黑剪嘴鸥继续飞翔着，它拍打了约六下翅膀
时，其中一个渔民猛地将什么东西抛出——那是一个鱼头，下面
连着一条类似结实的白色绳索一样的东西——那是一副待产的大
西鲱的骨架，这是除了头之外，鳗鱼在饱餐后剩下的所有了。

黑剪嘴鸥再一次飞到河口上空的时候，它遇到了顺着正在退
下的潮水往下游去的渔民。船上有大约六条西鲱被压在成堆的渔

网下，其他的都已经被鳗鱼掏腹或吃得只剩骨头了。鸥群已经在刚才布置刺网的水域上方聚集，享用着渔民抛出船外的西鲱残骸，高声庆祝着。

潮水退得很快，涌过海峡直奔海洋。当东边的阳光穿透云层、急速地铺洒在海湾上的时候，黑剪嘴鸥转过身来，直奔落潮而去。

春迁

庞大的西鲱群通过水湾进入河口的那个夜晚，候鸟大规模迁入海湾区域。

在黎明潮水涨到一半时，障壁岛[1]海滩上的水仍暗不见底。有两只小三趾鹬在水边奔跑，它们紧紧地贴近潮水边缘上薄薄的浪花。这两只苗条的小鸟，身披栗红色和灰色的羽毛，黑色的小脚在硬实的沙地上跑得十分轻快，脚边沙地上一个个膨胀的气泡和海水泡沫如蓟花的冠毛般滚动着。这

1. 障壁岛为狭长的、与海岸平行的沙岛。

两只三趾鹬所属的鸟群由数百只滨鸟组成，当晚才从南方迁徙到这个岛屿。迁徙大军在大沙丘的庇护下休息了一夜。现在，天渐渐变亮，海水也渐渐退下，它们被吸引到了海边。

那两只三趾鹬在湿沙里找寻小型薄壳甲壳动物，它们尽情地享受捕食带来的兴奋，全然忘记了昨夜长途飞行的疲惫。当下，它们忘记了自己必须要在不久以后到达一个遥远的地方——那里有广袤的冻土、填满白雪的湖泊和极昼。"黑脚"（Blackfoot），迁徙大军的首领，已经是第四次从南美洲的最南端迁徙到北极的筑巢地了。在短暂的生命中，它飞翔了六万多英里，南追北赶地跟随着太阳，在春秋两季，迁徙的距离将近八千英里。而那只在沙滩上与它并肩奔跑的三趾鹬，是一只刚满一岁的雌鸟，首次踏上回归北极之旅。它上次离开北极是在九个月前，那时它还只是一只刚会飞的雏鸟。和其他年长的三趾鹬一样，"小银条"（Silverbar）也脱下了冬天那点缀着珍珠色的灰色羽毛，换上了红褐色的繁殖羽。所有要回到北极原始栖息地的三趾鹬都是这种颜色。

黑脚和小银条在海浪边缘寻找鼹蟹。沙滩上布满了鼹蟹的洞穴，沙地被它们弄得千疮百孔。整个潮汐地带的食物里，三趾鹬最爱的就是这些卵形的小蟹了。海浪每次退下时，湿沙上的蟹穴都会冒出气体，鼓起泡泡。如果三趾鹬的动作够快够稳，就可以在下一次海浪到来前用喙将鼹蟹从洞穴里取出来。许多鼹蟹抵不住湍急的海浪的冲击，被冲到了海水甚多的沙洞里，只得猛蹬挣扎。这时候，三趾鹬通常都会把握机会，在这些不知所措的鼹蟹拼命挖洞隐藏自己时将它们抓住。

在小银条靠近回流时，它看见两个闪亮的气泡将小沙粒推开。它知道，下面一定有蟹。虽然那时小银条在守着气泡，但它还是敏锐地察觉到，在杂乱无章的碎浪中有一个大浪正在逐渐成形。它一边颠簸着往沙滩上跑，一边估计着大浪的速度。透过水流低沉的声音，它在浪峰拍岸时听到了更加轻微的嘶嘶声。几乎在同一时间，鼹蟹那羽状触角也露出了沙面。如山一样高的绿色巨浪卷了起来，小银条奔跑于浪尖的正下方，张开喙猛烈地插入湿沙，将鼹蟹拖了出来，在海浪打湿它的脚之前，小银条赶忙转过身逃回到沙滩上。

在阳光仍然平射水面时，三趾鹬群里的其他成员加入黑脚和小银条，来到了沙滩上。不久，沙滩上便布满了小滨鸟。

一只燕鸥沿着碎浪带飞了过来，它低着头，露出了头顶的黑色，它的双眼紧盯着海里鱼的动静。它在密切注视着三趾鹬群，伺机通过吓唬落单的小滨鸟来逼它交出捕到的猎物。当那只燕鸥看到在海浪中快速奔跑的黑脚成功地抓住一只鲎蟹时，它气势汹汹地侧身往下飞，通过尖锐、刺耳的叫声来发出威胁。

"啼——吖——啊——啊！啼——吖——啊——啊！"燕鸥叫道。

黑脚被这只飞扑而来、身形比自己大一倍的白翅大鸟吓到了，因为它刚刚正在全神贯注地一边躲避海水的冲击，一边防止落到它喙里的大蟹逃走。黑脚"叽！叽！"地叫着，腾起到空中，在水面上盘旋着飞走了。燕鸥立马转身追赶，并大声地尖叫着。

黑脚侧身飞行和急转的能力一点也不亚于燕鸥。两只鸟在空中猛然地提速，旋转，转身，时而齐头急速向上划破蓝天，时而双双坠入浪底，就这样，它们穿行于浪尖之上，声音淹没在沙滩上的三趾鹬群中。

燕鸥在向上直飞追赶黑脚时，突然瞥见水中闪烁着银光。它低下头来更准确地定位水中的新猎物，看到绿色的水中闪烁着的银带——那是阳光投射在一个银汉鱼群的侧边上形成的。燕鸥立即调整身姿，展翅正对着水面，虽然体重最多不过几盎司[1]，但这

----

1. 1 盎司约合 28.3495 克。

并不妨碍它如石头一般破水而入，激起一阵水花。没过几秒，它再次出现时，嘴里叼着一条曲着身的鱼。此时，燕鸥沉浸在水中的银光带来的兴奋之中，早已忘却了黑脚，而黑脚也已经到达岸边，并降落到正在进食的同类中，开始一如既往地忙着捕食。

涨潮后，海水汹涌起来。涌浪更深了，海浪拍岸的力度也更重了，它们在警告着海滩上觅食的三趾鹬群，此处不再安全了。鸟群应浪转身飞到海面上空，露出自己翅膀上有别于其他鹬科成员的标志性白色条纹。它们贴着浪尖往海滩飞行，随后来到了一个叫作"船之浅滩"（Ship's Shoal）的地方，那是数年前海洋冲破障壁岛涌入海湾后形成的区域。

"船之浅滩"处的海滩已成为连接南边大海和北边海湾的平台。广阔的沙坪是许多鸟类最中意的栖息地，例如鹬、鸻和其他滨鸟。燕鸥、黑剪嘴鸥和海鸥也很喜欢这里，它们虽然在海上捕食，但是会聚集在海岸和沙嘴上小憩。

那天早晨，水湾已是鸟满为患。它们都在栖息，静候着潮退，好开始捕食，为自己的小身体积聚能量以便北行。那是五月，正值滨鸟春迁的高峰期。数周前，水禽离开了海湾。自上一群雪雁如云朵般往北迁移后，这里经历过两次大潮和两次小潮。

秋沙鸭在二月就已经离开，去寻找北边第一个破冰的湖泊了。紧随其后的是帆布背潜鸭，它们也离开了长着野生水芹的河口，迎着日渐逝去的冬季往北前行。还有那爱吃海湾浅滩上遍布的大叶藻的黑雁，行动敏捷的水鸭，以及那喜爱啭鸣、柔声漫天的天鹅——大家都已经出发了。

随后，沙丘间响起鸻那钟声一般的鸣唱，盐沼上回荡着杓鹬清脆的哨声。当那些栖息在海滨和沼泽的鸟儿集体沿着祖先的航线向北寻找筑巢地的时候，夜幕下掠过它们的剪影。它们的鸣啼温柔得近乎听不到，飘向下方沉睡的渔村。

水湾海滩上的滨鸟都已睡去，现在沙地被其他捕食者占据了。当最后一只鸟入眠后，高潮线上方蓬松的白沙地里，一只沙蟹从它的洞里爬了出来。它沿着沙滩急速前进，踮着八只脚快速地爬行。就在三趾鹬群的旁边，那个距小银条曾经待过的位置不到十来步的地方，有一大堆被昨夜的潮水冲上来的海藻，而沙蟹就停在那儿。沙蟹的身体呈奶油质地的棕色，和身边的沙子颜色非常相似，以至于它在静止时近乎隐形，只有它的双眼——如秸秆上的两颗黑鞋扣一般——显露出来。小银条看到它蜷缩在海燕麦残秸、滨草叶子和数片石莼的后面。沙蟹这是在等待沙蚤¹出现,然后抓它个措手不及。它知道,沙蚤在潮水退下时会躲藏在海藻里,拾些正在腐烂的残骸来吃。

潮水还未来得及再涌上一只手的宽度,一只沙蚤就从一片绿色的石莼叶子下偷偷溜了出来,灵活地伸缩着脚,跃过了一根海燕麦秆。要知道,那对它来说可是如倒伏的松树对于人来说般巨大啊。沙蟹如见到老鼠的猫一样,猛地飞扑出去,用它具有粉碎力的钳子——或称为螯——将沙蚤抓住,然后一口吃掉。在接下来的一小时里,它踏着无声的脚步从一个有利位置移到另一个有利位置来跟踪着猎物,又抓到很多沙蚤,饱餐了一顿。

一小时后,风向改变了,风从海上越过海峡斜着吹来。鸟儿们逐一调整自己的位置,以便直面海风。它们看到了一个足有数百成员的燕鸥群在“船之浅滩”处的海浪上空捕食。水中的银色鱼群正在经由“船之浅滩”通往海洋的路上,天空中挤满了扑动着白色翅膀的潜水燕鸥。

在“船之浅滩”上的鸟不时听到从高空传来的黑腹鸻赶路时的航行乐;它们两次目睹了北行的半蹼鹬那长长的队伍。

---

1. 亦称沙跳虾或滩蚤。

正午时分，一群雪鹭拍打着白色的翅膀飞越沙丘，其中一只架起黑色的长腿，落在一个池子的边缘。池子被沼泽半包围着，位于沙丘东侧边缘和水湾海滩之间。这个池子叫作"鲻鱼池"（Mullet Pond），几年前得名，那时的池子比现在要大，鲻鱼也会时而从海洋游进来。小雪鹭每天都会来池子捕鱼，寻找在浅滩里窜来窜去的鳉鱼和其他小鱼。有时候它也会找到大型鱼的幼鱼，因为每月最大的潮汐漫过近海的沙滩涌入池中时，会带来海洋里的鱼。

正午的池子相当安静。在绿色的沼泽草的映衬下，雪鹭身体雪白，仿佛脚踩黑色细高跷，紧绷并静立着。它目光锐利，但眼下连一个涟漪的影子都没有。后来，有八条孱弱的小鱼成列地游过泥泞的池底上方，投入池底的八个黑影随之移动。

雪鹭如蛇般扭动脖子，它凶狠地戳下去，但却没戳中那庄重的游行队伍中的第一条鱼。它兴奋地拍着翅膀左右弹跳着，用脚将原本清澈的水搅得浑浊，小鱼们在突如其来的恐慌中四处逃散。雪鹭虽然用尽全力，但最后却只抓到一条小鱼。

雪鹭在池子里已经捕了一个小时的鱼，而三趾鹬、鹬和鸻已经睡了三个小时。此刻，一条船靠在了"船之浅滩"附近的海湾沙滩上。两个人从船上跳下来，为即将到来的涨潮拖出地曳网，将其安置在浅滩里。雪鹭抬起头，竖着耳朵听着。透过池子近海一侧的海燕麦的边缘，它瞥见了一个人正从沙滩上往水湾走来。出于警惕，雪鹭用力地往泥里蹬了一下，拍着翅膀从沙滩起飞了，它要去一英里之外位于雪松丛林中的雪鹭群栖地。部分滨鸟一边鸣叫一边从沙滩往海里飞去。嘈杂的燕鸥意识到上空的情况后已经乱作一团，好像成百上千张碎纸片一下子被吹上了天。三趾鹬群也起飞离开了浅滩，它们整齐划一地转身盘旋，随后沿着沙滩往海洋方向飞了近一英里。

那只仍在抓沙蚤的沙蟹，从沙地上快速移动的影子中察觉到头上鸟群的慌乱，不禁变得警惕起来。因为此刻，它早已远离了自己的洞穴。当看见一个渔民走在沙滩上的时候，它立即扎进海浪里，相比逃跑，它更愿意躲在这个庇护所里。然而，此时附近正潜伏着一条眼斑拟石首鱼，眨眼间沙蟹就被它抓住吃掉了。当天晚些时候，这条眼斑拟石首鱼被鲨鱼猎获，它的残骸被浪潮冲刷到沙滩上。而沙蚤，作为海岸的清道夫，成群地爬上来吃掉了它的残骸。

黄昏时分，二趾鹬再次来到"船之浅滩"上休息。当杓鹬从盐沼来到水湾沙滩栖息地时，三趾鹬正静静地听着旁边杓鹬拍打翅膀发出的柔和的声响。听着奇怪的声音，再加上看到那么多大鸟飞来飞去，小银条吓得蜷缩在一些年长的三趾鹬身旁。肯定有数千只杓鹬，因为在天黑一小时后，它们是排着长长的紧凑的"V字形"队伍到来的。这些有着镰刀形喙的褐色大鸟，每年在前往北方的迁徙路上都会在淤泥滩和沼泽地上停下来，捕食招潮蟹。

　　就在一投石远的地方，有几只还不到人拇指指甲大的招潮蟹在海滩上穿行。它们爬行时足部发出的声音就像风吹起小沙粒的声音一样微弱，因此，即便是在三趾鹬群边上休息的小银条，也没有察觉到它们。招潮蟹费力地爬上浅滩，让清凉的海水浸透它们的身体。这一天，它们在压力和恐惧中度过，因为沼泽地里到处都是杓鹬。每小时，招潮蟹都能察觉到好几次鸟从空中滑翔、降落于沼泽时投下的影子，或是看到杓鹬在水边踱步，这时候小招潮蟹就会像落荒而逃的牛群般散开。数百只脚在沙地上奔走的声音听起来就像一堆硬纸片在摩擦。它们全力冲进洞穴，不管这洞穴是不是自己的，只要能够得着，就尽量往里钻。但这沙地中又长又曲折的通道一直都不是理想的避难所，因为杓鹬那弯曲的喙可向洞内探得很深。

现在，招潮蟹在怡人的薄暮下沿着海岸线移动着，在沙丘间寻找退潮后留下的食物。它们挥舞着取食螯在沙粒里繁忙地翻找，挑出极小的藻类单细胞生物。

那些已经进入水里的招潮蟹都是雌性，它们将卵藏在腹部围裙状的脐下。由于身怀卵块，它们移动起来很艰难，不能快速地躲避敌人，所以一整天都只能躲在洞穴的深处。现在，它们在水里前后摆动，试图摆脱身上的重负。这个发自本能的动作可以使连在母蟹身上的卵排出，那些卵看起来就像一串串迷你的紫葡萄。尽管繁殖季才刚开始，已经有一些雌性招潮蟹带着灰色的卵块了，那是后代们即将成熟的表现。对于这些蟹来说，每晚海水的洗刷会使它们的卵孵化。母亲的身体每动一下，就会有许多卵壳破裂，继而成团的幼蟹被投入水中。鳉鱼正在安静的海湾浅滩处小口地吃贝壳上的海藻，连它们都没察觉到有一群群的新生命漂过，因为这些从封闭的卵中骤然出来的幼蟹，每一只都小得可以穿过针眼。

持续的落潮将成团的幼蟹带走，将它们冲出海湾。当第一缕阳光悄悄拂过水面时，这些幼蟹会发现自己来到了外海这个陌生的世界。它们必须克服身边的诸多危险，而且必须独自面对。除

了天生的自我保护本能外，什么帮助都没有。它们之中，有许多
会死去。而幸存下来的幼蟹，经过数周的冒险征程后会在遥远的
海岸短暂停留。在那里，潮水会为它们奉上盛宴，而沼泽草则会
成为它们的家与避难所。

　　这是个嘈杂的夜晚，月光在水湾投下了一道白色的光路。映
着月色，黑剪嘴鸥们嬉戏追逐，夜空充斥着欢乐的啼叫声。三趾
鹬经常在南美洲碰到黑剪嘴鸥，因为有许多三趾鹬会南下到委内
瑞拉和哥伦比亚越冬。相比之下，黑剪嘴鸥则是典型的热带鸟，
全然不了解滨鹬们争相前往的白色世界。

　　赫德森杓鹬[1]正在迁徙，它们飞得很高，叫声时不时从天上传
来，回荡在夜里。在海滩上睡觉的杓鹬不安地动来动去，有时候
也会以凄厉的叫声予以回应。

　　今夜是满月之时，也是涨大潮之时。海水深入沼泽，波涛拍
打在渔民的码头地板上，船因为上浮而紧紧地扯着锚。

　　海面上闪烁着月亮洒下的银光，引得深海的枪乌贼浮上水
面。银色的亮光令枪乌贼错乱而着迷。漂浮在海面时，它们紧紧
盯着月亮。它们轻轻地吸入海水，再喷射着将它排出来，倒着推

1. 赫德森杓鹬是中杓鹬（北美亚种）的旧称。

动自己渐渐远离它们正盯着的亮光。因为被月光弄得眩晕，枪乌贼们并没有意识到自己正漂入危险的浅滩区域，直到感觉到粗糙的沙粒时，它们才猛然惊醒。搁浅之时，不幸的枪乌贼拼尽全力泵出海水，企图退回海里，已被抽干的身体变成一片极薄的薄膜趴在沙滩上，而此时海水已经全部退去了。

清晨之时，三趾鹬迎着第一道晨光前往碎浪带捕食，看见水湾沙滩上布满死去的枪乌贼。它们并没有在这里逗留，因为虽然天色尚早，但已经有许多大鸟聚集在这里，为争夺这些枪乌贼而争吵了。大鸟中有一部分是银鸥，按时令往返于墨西哥湾海岸与新斯科舍半岛之间。它们的行程已被暴风天气拖延了很久，它们现在饿极了。十二只长着黑脑袋的笑鸥也来了，它们在沙滩上空一边盘旋一边鸣叫，摇摇晃晃地悬着双脚想要降落。银鸥发出凶恶的尖叫声，用喙猛烈地攻击它们，将它们赶走了。

正午时分，随着潮水的上涌，一阵强风从海上吹来，推动着风暴云前进。绿色的沼泽草丛随风飘摇，草儿被吹弯了腰，草尖都能触碰到上涌的海水了。潮水上涨至四分之一处时，沼泽草就已经全部深深地浸泡在水中了。海风推着大潮上涌，淹没了海湾上零散分布的沙质浅滩——那是海鸥最喜欢的栖息地。

三趾鹬群和其他的滨鸟群一起逃离，躲到了沙丘朝陆地一侧的斜坡下，那里茂密的滨草丛能保护它们。透过滨草，它们看到一群银鸥如一团乌云般从鲜绿色的沼泽草上方掠过。前进中的鸟群在不断地变换队形和飞行方向，当领头鸟因发现可能的栖息地而迟疑时，后面的成员就飞到了前面。银鸥群落在一个沙质浅滩上，现在这里的陆地面积只有早上的十分之一。海水持续上涨。银鸥也在继续盘旋，一边拍动着翅膀一边尖叫着。它们身下是一块布满牡蛎壳的礁石，那里的海水已经深得足以没到银鸥的脖子了。最终，银鸥群统一转向，直面狂风，来到三趾鹬的附近，寻求沙丘的庇护。

所有的迁徙队伍迫于暴风雨只能等候，因为在巨大的海浪下谁也无法捕食。在提供庇护的海角之外，暴风雨正在海上肆虐。在海滩上，有两只被狂风吹得晕眩无力的小鸟，摇摇晃晃地走在沙子上，摔倒后又站起来继续蹒跚地走着。陆地于它们而言是个陌生的领域，因为除了每年一次为了繁殖而在南极海洋小岛上短暂地停留之外，这些小鸟的世界里就只有天空和汹涌的海浪。它们是威尔逊海燕，又被称为凯莉母亲的小鸡[1]，被海风从数英里外

---

1. 威尔逊海燕和凯莉母亲的小鸡是同一种风暴海燕的不同称呼，前者名从
   鸟类学家亚历山大·威尔逊（Alexander Wilson），后者常见于早期文学

的海面上吹了过来。当天下午，一只深褐色的鸟一度越过沙丘，横穿海湾，它长着修长的翅膀和鹰嘴状的喙。黑脚，那只三趾鹬，和其他滨鸟一起，惊恐地蜷缩着，因为它们认出了这个古老的天敌，想起了在北方繁殖地受到的欺凌。原来，和海燕一样，猎鸥也乘着狂风从开阔的海上来到了这里。

日落之前，天空清亮了起来，狂风也渐渐平息。趁着天色还亮，三趾鹬群离开障壁岛，动身飞越海湾。盘旋在水湾上空时，三趾鹬的下方是深绿色的河道，河道如弯曲曼魅的丝带一般穿过海湾上的浅滩。三趾鹬沿着河道，穿过倾斜的红色柱状浮标，经过潮流交汇形成的碎浪和漩涡，越过一个沉没了的牡蛎壳礁石，最后来到海岛。它们在那里加入了一个有着数百成员的队伍，里面有白腰滨鹬、美洲小滨鹬和环颈鸻。鸟儿们一同在沙地上休息。

落潮时分，三趾鹬仍在海岛的沙滩上捕食，在黑剪嘴鸥趁着黄昏赶来之前，它们就已经安顿下来休息了。它们沉睡时，大地从黑暗转向光明。在海岸不同地方捕食的鸟类匆忙起身，翱翔于通往北方的迁徙之路上。风暴过后，气流再次变得清新起来，干

作品中。此鸟学名为黄蹼洋海燕（*Oceanites oceanicus*），又称威尔逊风暴海燕。

净的海风也从西南方徐徐吹来。整个夜晚，天空中不断传来杓鹬、鸻和大滨鹬的叫声，还有矶鹬、翻石鹬和黄脚鹬的鸣唱。嘲鸫是海岛的原住民，它们细细地聆听着这些啼叫声。到了第二天，它们那起伏不断、若带轻笑的歌曲中，就会新添很多新学来的曲调，这些只是为了取悦配偶和自娱自乐。

还有大约一小时天就要亮了，在海岛的沙滩上，潮水轻柔地推动着一排排的贝壳，三趾鹬成群地聚集在一起。这一小群身披褐色斑纹的鸟儿飞入黑暗的天空，往北方飞去了。身后的岛屿变得愈来愈小……

北极之约

三趾鹬到达北方时，这里依旧冬意凛然、一片萧条。它们降落在这贫瘠大地上的冻原边缘，落脚处的海岸形如一只跃起的海豚。三趾鹬是第一批迁徙到北方的滨鸟。山上银装素裹，冰雪漫延至河谷深处。海湾里的冰还未开裂，而海岸边绿色的锯齿状冰堆，则在潮水的冲击下嘎嘎作响，逐渐变形。

但随着白昼不断延长，在阳光的照射下，南面山坡的冰雪开始融化了，山脊的雪被风吹得越来越薄，露出棕褐色的土地和银灰色的鹿蕊。这样一来，尖蹄的北美驯鹿觅食的时候，就无须再费劲地用蹄子把雪扒开。正午，雪鹀扑着翅膀，飞过冻原的时候，还能在石间化开的小水池中看到自己的倒影，但下午过半时，这些小水池就被霜蒙住了。

柳雷鸟的脖子上开始长出铁锈色的羽毛，狐狸和鼬雪白的皮毛上也夹杂了些许褐色的毛。成群的雪鹀跳来跳去，不断成长；在明媚的阳光下，柳树上的叶芽日渐饱满，带来第一抹春色。

迁徙的鸟儿都热爱温暖的阳光与翻滚的绿色海浪，它们都是食物的象征，而此时在冰封的大地上却很难找到食物。西北风冲着几棵低矮的柳树直吹，幸好还有一块冰碛[1]稍做掩护。三趾鹬可怜兮兮地聚集在柳树下，现在，它们只能靠着第一批长出来的虎耳草芽为食，等到春天解冻后，它们才可捕食各种动物。

然而冬季仍未完全过去。太阳透过昏暗的空气，散发出微弱的光芒，而这是三趾鹬回归北极后第二次迎来阳光。阴云在太阳和大地间翻滚聚集，正午时分，天空已布满阴云，这预示着大雪将至。凛冽的寒风呼啸而来，吹过开阔的海面和成片的浮冰。寒风吹到相对温暖的平原上时，这里的空气遇冷便化成了氤氲的

---

1. 冰碛，由冰川冰汇集起来，并在冰川冰融化时聚积的堆积物。

雾气。

　　屋芬古（Uhvinguk）是一只旅鼠，昨天它还和伙伴们一起在光秃秃的岩石上晒太阳，此时它连忙钻进洞里，沿着深藏在厚实积雪下的蜿蜒的通道，跑向那铺满杂草的温暖小窝。就算是数九隆冬，旅鼠躲在这里也很暖和。黄昏时分，一只白狐举着爪子，守在旅鼠洞穴口。周围一片寂静，它敏锐的耳朵听见地下的通道里有小脚在走动。早春正是狐狸常在雪地上到处挖旅鼠的洞抓旅鼠吃的时节。这时，它发出了尖锐的叫声，并在雪地上轻轻地挖了一下。一小时前，它在一片柳树林里刚吃了一只正在折树枝的柳雷鸟，现在还不太饿，所以，今天它光听不动，只是想确认一下，这群旅鼠在上次被它发现之后，还没有被鼬吃掉。然后，它就转过身，沿着一条由其他狐狸踩出来的路悄悄跑开了。它甚至都没有看一眼躲在冰碛下的三趾鹬群，就径直越过山丘，一路跑到远处的山脊上——那儿是三十只小白狐共同的家园。

　　夜里稍晚些时，太阳早已经落到厚厚的云层背面，第一片雪花飘落了。风随之刮起，如冰冷的洪水般倾泻在冻原上，寒气冷到能穿透最厚的羽毛，渗入最保暖的皮毛。寒风从海洋那边呼啸而至，吹散了迷雾，留下漫天的雪成云，而雪成云比那迷雾更厚更白。

　　年轻的雌性三趾鹬小银条上一次看到雪的时候差不多是十个月前了。那时，它还生活在北极地区，之后它便追随太阳南下至其轨道尽头，到了阿根廷的草原和巴塔哥尼亚的海岸。它几乎一生都围绕着太阳、白沙滩和荡漾起伏的草原生活。而如今，它蜷缩在矮柳树下，即使黑脚离它只有二十来步的距离，它也还是无法透过白茫茫的漩涡看到它。三趾鹬群面对暴风雪就如滨鸟面对风一般习以为常。它们紧紧地相互偎依着，翅膀贴着翅膀，弯下身子贴着纤弱的双脚，用身体的热量温暖双脚，以避免冻伤。

　　这持续了一晚外加第二天一整天的雪若没有下得这么大，死去的生物或许会少一些。一夜之间，河谷逐渐被雪填满，山脊上的白雪越积越厚。从散布着冰块的海边那绵延数英里的冻土平原，到远处南边森林边缘处连绵起伏的山丘和冰雪冻结而成的山谷，一切都被积雪一点一点地填平了，呈现出一个白得出奇的冰天雪地。第二天黄昏时，天空呈紫红色，降雪渐缓。夜里，除了呼啸的风声，万物寂静，因为没有野生动物敢在此时出没。

　　雪之死神带走了很多生命，还造访了两只雪鸮位于半山腰上深疤似的沟壑处的巢穴，这里就挨着掩护三趾鹬的柳树林。那两只雪鸮中的雌鸟在这里孵它的六枚卵已经超过一周了。暴雪来袭的第一晚，它周围积起了厚厚的白雪，在它周边留下一圈凹陷，仿佛河床上的壶穴[1]一样。整晚下来，雌雪鸮一直坚持留在鸟巢里，用长满羽毛的身体为卵保暖。清晨，冰雪渗入了它满布羽毛的爪子，从它的四周包围过来。尽管隔着羽毛，它还是被冻僵了。到了中午，天空中还飘着棉絮般的雪花，此时，雌雪鸮已被白雪埋没了大半，只有头和肩膀还露在外面。当天，一个体形巨大的家伙，如雪花般洁白、无声，在山脊上绕来绕去，盘旋在鸟巢上空。此刻，奥克匹（Ookpik）——一只雄雪鸮——以低沉嘶哑的叫声呼唤着它的伴侣。被严寒冻得麻木笨拙的雌雪鸮应声而动，抖落身上的白雪，花了好几分钟才摆脱厚厚的雪堆，拍着翅膀，跌跌撞撞地爬出了被厚厚的白雪团团围住的鸟巢。奥克匹向它发出咯咯的声音，那通常是雄雪鸮为家里带回旅鼠或者柳雷鸟雏鸟时发出的叫声。但事实上，两只雪鸮自暴风雪到来后就没有吃过任何东西了。雌雪鸮试图飞翔，但它沉重的身体早被冻僵，于是它重重地摔倒在雪地上。最后，肌肉的血液循环终于慢慢恢复，它展翅飞向空中，与配偶一起飞过三趾鸥的避难所，越过整

1. 壶穴，由山区急流挟带砾石，在构造破碎、岩性较软处冲刷、旋磨形成
   的深穴。

个冻原。

白雪落在了仍有余温的卵上，到了夜里，它们被刺骨的寒冷冻坏了，这些小胚胎的生命之火渐弱，将营养从卵黄输送至胚胎的深红色血液，在血管中愈流愈慢了。本该生长、分裂、分化成骨骼和肌肉的细胞，不一会儿，也慢慢减缓生长，直到最终停止了一切生命活动。在它们那巨大的脑袋下，原本跳动的红色心脏时跳时停，最后彻底静止了。就这样，六只尚未长成雏形的小雪鸮在皑皑白雪中死去了。它们的夭折也许会为数百只仍未出生的旅鼠、柳雷鸟和北极野兔带来更多的生存机会，因为这长满羽毛的雪鸮正是它们的天敌。

峡谷稍深处，有几只柳雷鸟被大雪埋没了，那儿原是它们夜里歇脚的地方。暴风雪来临那晚，柳雷鸟飞越了山脊，降落在柔软的雪堆上，它们双脚覆羽如同穿了雪鞋。它们尽量不留下任何足迹，以防有狐狸找上门。这就是弱肉强食的生存法则。但在今晚，这个法则已是多余，因为大雪会将所有足迹都抹去，再聪明的敌人也束手无策。尽管大雪堆积的速度非常慢，但沉睡的柳雷鸟被雪掩埋得太深，无法从雪堆里爬出来。

三趾鹬群里已经有五只被冻死了，而雪鸮也好不到哪里去，它们试图降落时，实在太虚弱，于是只能在雪面上拍打着翅膀，跌跌撞撞，无法站稳。

现在暴雪已过，饥饿接踵而至。柳树是柳雷鸟的主要食物，如今柳树已多被白雪淹没。去年的野草那干枯的梢头本结有一些种子可给雪鸮和铁爪鹀作食物，如今它们也裹上了一层闪亮的冰壳。狐狸和雪鸮的猎物——旅鼠，现在可以安心地待在地道里了。在这个沉寂的世界里，以贝类、昆虫和其他海滨生物为食的滨鸟更是无处觅食。在北极短暂而灰暗的春夜里，许多捕猎者，无论飞禽抑或走兽，都纷纷跑出来了。当第一道光划破黑暗的夜空时，捕猎者们仍旧或在雪地上跋涉，或拍打着强壮的翅膀在整片大地上翱翔，它们仍在寻找食物，因为夜里根本没吃饱。

那只雪鸮——奥克匹，也是捕猎者中的一员。在每年冬天里最冷的那几个月，也就是冰封的那几个月，奥克匹会向南飞到数百英里外一个贫瘠的地方，在那儿比较容易抓到它最爱吃的灰旅鼠。暴雪期间，奥克匹无论是翱翔在平原上空，还是在能俯瞰海洋的山脊上，都看不到任何生物，但今天，它却发现有许多小动物在冻原上移动着。

在峡谷河流的东岸，一群柳雷鸟在雪堆上发现了些新生的柳树嫩枝。白雪覆盖之前，树顶的嫩枝本有北美驯鹿的鹿角那么高。而现在，柳雷鸟轻轻松松就能够到最高的树枝，用喙折食这些嫩枝。在春日来临、新芽萌生之前，它们对这样的食物已经很满意了。一两只雄鸟长出了一些褐色的羽毛，预示着夏日和交配季节即将来到，除此之外，大部分柳雷鸟的羽毛都还是白色的冬羽。穿上冬装的柳雷鸟在雪地捕食时，只能看到它们黑色的喙和眼珠以及飞翔时露出的尾下的羽毛。连它们的天敌——狐狸和雪鸮，在远处都无法发现它们。但同时，它们的天敌自己也穿上了北极的保护色。

奥克匹现在已经飞上了河谷，看到柳树间有一些亮晶晶的黑球在移动——那是柳雷鸟的眼睛。这雪白的天敌融入了苍白的天空，慢慢向它们靠近；而白色的猎物，仍在雪地上走动，未被惊动。突然，翅膀"嗖"地扑过，羽毛散落一地，雪地上撒下了一片鲜红——红得就如刚产下的柳雷鸟卵外还湿着的壳色素。奥克匹用爪子抓着柳雷鸟，飞过了山脊，来到更高的地方，那儿是它的瞭望台，它的伴侣在那儿等着。两只雪鸮用喙撕开尚有余温的肉，照往常一样，连骨头和羽毛一同吞下，稍后将不能消化的部分吐了出来。

　　小银条此生头次体会到这种难以忍受的饥饿之苦。就在一周之前，和其他三趾鹬一样，它的肚子还被哈得孙湾海滩上的贝类撑得饱饱的。更早之前，它们还在新英格兰海岸上饱食沙蚤，在南方的阳光沙滩上享受鼹蟹大餐。从巴塔哥尼亚高原开始北上的八千英里旅程中，它们从未缺过食物。

　　年长的三趾鹬早就适应了这份艰苦，耐心地等着，直到潮退时，才带着小银条和其他年轻滨鹬来到海港冰堆的边缘。海滩上满是形状不规则的冰块和冰碴。最近的一次涨潮移走了碎裂的浮冰，退潮后空出了一大片泥滩。几百只滨鸟早已聚集在这里，它们全都是来自方圆数英里的早到的候鸟，好不容易才从暴风雪中死里逃生。鸟群十分拥挤，三趾鹬几乎找不到落脚的地方，而且每一平方英寸的土地都被滨鸟用喙掘过了。小银条用喙挖掘僵硬的泥土，好不容易找到了几个像蜗牛一样的贝壳，但都是空心的。它和黑脚，加上另外两只刚满一岁的三趾鹬，一起往海滩方向飞了约一英里，但大雪已经覆盖了整块土地和海港，所以还是找不到食物。

　　正当三趾鹬在冰块之间捕食无果之时，一只名为土路克（Tullugak）的乌鸦从上方飞过，从容地飞过海岸。

"哑——哑——哑！哑——哑——哑！"它嘶哑地叫着。

为了寻找食物，土路克已经在沙滩和冻原周围盘旋了数英里。它在过去几个月里想方设法搜集和贮存的食物要么被冰雪覆盖，要么被海港的浮冰带走了。此刻，它发现了一副狼群在早上捕杀后留下的北美驯鹿的残骸，于是，它呼唤其他同伴过来享受美食。那三只黑漆漆的乌鸦，其中一只是土路克的配偶，它正在海港冰块上轻快地走来走去，垂涎于一头鲸的尸体。这头鲸数月前就被冲到了岸边，对于整年生活在海港附近的土路克和它的同伴来说，这头鲸可以吃将近一个冬天。就在这时，暴风在浮冰上吹开一条道，巨大的冰块将鲸沿着这条道推向了大海，最后整头鲸都被吞没了。听到土路克发现食物的叫声，三只乌鸦展翅飞上天空，跟着土路克飞过冻原，来到残骸处叼食驯鹿骨头上的肉。

第二夜，风向改变，冰雪开始消融。

随着时间的推移，地上的雪越来越薄。洁白的雪毯露出大大小小的洞——褐色的洞是裸露出来的土地，而绿色的则是仍未解除冰封的池塘。当北极冰雪融化流往大海时，山坡上的细流逐渐形成了小溪，小溪又汇聚为奔腾的急流，消融了盐冰上锯齿状的缺口和沟渠，沿着海岸汇聚成大大小小的湖泊。湖泊里清冷的湖水已经满溢，水中挤满了各种新生命——大蚊和蜉蝣的幼虫在湖底泥土里翻动，而来自北方的各种各样的蚊子的幼虫则在水中游弋。

随着冰雪融化，低洼处的草地都被淹没了。旅鼠的洞穴也遭了殃，无法再用来住了。这些洞穴密密麻麻地分布在北极地下，由绵延数百英里的通道组成。这些僻静的通道和用草铺成的舒服小窝，在冬季猛烈的暴风雪来袭时都安然无恙，如今却抵不住奔腾的水流和旋转的洪波。旅鼠们尽可能地都逃到了高处的石头上或到处是砾石的山脊上，它们挺着圆圆的灰色身体在那儿晒太阳，早就把前一秒的危险抛到了九霄云外。

如今，每天都有数百只候鸟从南方飞到这片冻原，这里除了雄性雪鸮咕咕的叫声和狐狸的吠声之外，还出现了其他的声音，有鹬、鸻和红腹滨鹬的声音，还有燕鸥、海鸥和鸭子的叫声，它们都来自南方。此外，还有高跷鹬刺耳的叫声和赤背蜘蛛那清脆的歌谣；白腹滨鹬尖锐的爆破音，颇像新英格兰地区春日迷蒙的黄昏中北美雨蛙如雪橇铃般交替作响的合奏。

随着雪原上露出的土地越来越多，三趾鹬、鸻和翻石鹬聚集在冰雪消融的土地上，找到了很多食物。只有红腹滨鹬选择了还没解除冰封的沼泽地以及平原上有遮挡的窟窿，那里莎草和野草干枯的种穗从雪里探出头来，当有风吹过的时候，它们会沙沙作响，并撒下可供鸟类食用的种子。

大多数三趾鹬和红腹滨鹬会继续往前，直到远处的北冰洋海岛上，并在那儿筑巢和繁衍后代。但小银条和黑脚，还有其他的一部分三趾鹬选择在这个跃起的海豚状的海湾附近生活，与之一起的还有翻石鹬、鸻和许多其他滨鸟。数百只燕鸥正准备在附近的海岛上筑巢，在那儿，狐狸威胁不到它们；而大多数海鸥则回到了内陆，沿着湖畔栖息，在夏天，它们是北极平原的一道风景线。

小银条适时地接受了黑脚作为它的伴侣，它们一起回到可俯瞰海景的多石的高原上。石头上长着一层苔藓和柔软的灰色地衣，在这片海风吹拂着的阔土上，它们是长出来的第一批植物。那儿还有矮柳树，稀稀疏疏的，上面长满了茂盛的叶芽和成熟的柳絮。四下分散的小树丛里，野生药水苏的花朵扬起白色小脸对着太阳。南边山坡处积雪融化形成池子，池水沿一条古老的河床汇入了海洋。

最近，黑脚越发好斗了，如果有雄鸟侵犯了它的领土，它必定全力斗争，捍卫家园。每次结束战斗之后，它都会在小银条面前竖起羽毛炫耀。当小银条安静地看着它时，它会一跃而起，飞向天空，拍着翅膀盘旋于空中，发出如马嘶一般的叫声。黑脚通常在傍晚进行这样的表演，在东边的山坡上投下紫色的剪影。

在一簇药水苏旁，小银条原地转了一圈又一圈，就这样转出了一个浅浅的小坑，弄出一个适合自己大小的鸟巢雏形。有一棵沿着地面匍匐生长的柳树，上一年枯萎的叶子还悬挂在枝头，小银条将枯叶垫在巢底，然后再一次衔回一片叶子，和了一些地衣铺在巢里。不久，四枚鸟卵便安然躺在柳叶堆上，这标志着小银条要开始一段漫长的守卫，这期间，它必须保证冻原上的任何动物都不会发现它的巢穴。

在产下四枚卵后的第一个夜晚，小银条听到暗处传来一阵又一阵的刺耳尖叫声，这是冻原上从未出现过的声音。破晓之时，它看到了两只鸟贴近地面飞行，它们的身体和翅膀都呈黑色。这些新来的成员是贼鸥，属于鸥形目，掠杀时如鹰一般凶恶。自那时起，这种叫声，犹如诡异的笑声般，每晚都萦绕在这片荒原上。

连日来，越来越多的贼鸥来到这片土地上，它们一部分来自北大西洋的渔场，在那里，它们以偷取海鸥和剪水鹱的食物为生；其他的则来自北半球的温暖海域。贼鸥现在已经成为冻原上所有动物的克星。它们或独自出击，或两三只组队进攻，在开阔的土地上空来回盘旋，寻找落单的鹬、鸻或者瓣蹼鹬。这些鸟类的自卫能力较弱，因此贼鸥非常容易得手。在满布野草的开阔泥地上，贼鸥会突然从天而降，攻击滨鸟群，等着某只滨鸟在逃跑时落单，然后迅速地追赶，直到将其猎到才肯罢手。它们会将海鸥赶到海湾，一直折腾它们，直到海鸥不得不将抓到的鱼吐出来。石缝和石堆都是它们的捕食场所，它们会突然跳出来，吓唬正在洞穴口晒太阳的旅鼠或是正在孵卵的雪鹀。至于栖息地，贼鸥会选择在多石的高地或者山脊，在那儿可以看到整个冻原的地形：地上深浅不一的斑点是苔藓和砾石，混杂着地衣和页岩。然而，即使贼鸥的眼神再犀利，也无法从中分辨出远处诸多鸟类暴露在外的带斑点的鸟卵。冻原能巧妙掩护各类动物，只有筑巢的鸟或者觅食的旅鼠突然移动才会暴露自己。

　　此时的北极，一天中有二十个小时都阳光灿烂，剩下的四个小时则沉浸在柔和的暮色中。北极柳、虎耳草、药水苏和岩高兰都急着长出新叶子，好吸收阳光。借着这短短几周的阳光，北极的植物都必须尽快完成生长周期。只有被包裹、保护起来的生命之种，才能够忍受数月的黑暗与寒冷。

不久，冻原就披上了一件缀满鲜花的新外套：最初是仙女木白色的杯形花，然后就是虎耳草的紫花，还有毛茛的黄花。蜜蜂穿行时发出嗡嗡的声音，它们落在金灿灿的花瓣上，依次挤蹭着饱满的花粉囊，因此每只蜜蜂从花中钻出来飞走的时候，密毛上都会沾些花粉。冻原上还有一些会动的彩色的点，那是被正午的太阳从柳树丛里诱惑出来的蝴蝶，当寒风来袭或乌云密布时，它们就隐蔽地栖息在这里。

在温带地区，鸟儿会在落日的余晖和清晨的熹微中唱着甜美的歌曲。但在北极的荒地上，六月的太阳落在地平线下的时间很短，夜晚的每一小时都是薄暮黄昏，或者说是歌唱时间，那时，到处是铁爪鹀的咕咕声和角百灵的啾鸣。

六月中的一天，一对瓣蹼鹬在三趾鹬栖息的池塘里畅游，犹如木塞子般轻盈地浮在光亮透明的水面。它们时不时地快速拍打瓣状的脚，不断绕圈打转，然后一次又一次地把针状的喙插入水里，捕捉那些受惊的昆虫。整个冬天，瓣蹼鹬都在遥远的南部开阔海洋上，尾随着鲸和不断移动的鲸的猎物。向北迁移的途中，它们尽量在海洋上飞行，实在不行才上岸。这个时候，瓣蹼鹬在南边的坡脊处筑起了巢，就在三趾鹬的巢穴附近。它们的巢和大多数冻原的鸟巢一样，都铺着柳树叶和柳絮。随后，雄性的瓣蹼鹬就会负责留在巢穴孵卵，要足足十八天才能将卵孵化。

白天，山上会传来红腹滨鹬如长笛般轻柔的叫声："咕——吖——嘻，咕——吖——嘻"，这声音源自高原上隐藏于仙女木树叶间以及褐色的北极莎草丛间的巢穴。每天傍晚，小银条都能看到在山丘矮坡上方那静谧的空中，有一只孤独的红腹滨鹬时而俯身直下，时而昂首直上地翱翔。这只红腹滨鹬是卡努特（Canutus），它的歌声从山丘上空经过数英里外传到了同伴的耳中，也传到了海湾潮滩上的翻石鹬和矶鹞耳中。此外，还有一只鸟也听到了，并且还回应了它。这是它那娇小的、长着斑点的伴侣，它在更低处的巢里孵着它们的四枚卵。

随后，整整一季中，冻原上的大部分动物都安静了下来，忙着孵卵、喂养幼仔，还得将幼仔藏起来，不让敌人发现。

小银条开始孵卵时，正值满月。自那时起，月亮日渐亏蚀，成了一条细细的月牙挂在空中，现在它又一次变成峨眉月，因此海湾的潮涌也随之再一次变得缓慢温和。一天早晨，滨鸟趁着退潮都聚集在空地上觅食，而小银条却没有加入。原来，在前一天晚上，它胸脯羽毛下的卵整夜一直有动静，此刻卵表面已有了些裂痕。那些动静是雏鸟用喙啄壳时产生的，二十三天过后，新生命终于快诞生了。小银条低头聆听，时而将覆在卵上的身子稍稍往后挪，专注地观察着它们的动静。

在附近的山脊处，一只铁爪鹀正在唱歌，声音清脆明亮，曲调异常丰富。它一次又一次地飞向高空，一面唱歌，一面舒展着翅膀落向草地。这只小鸟的巢就在之前瓣蹼鹬捕食的池子边缘，巢里铺着羽毛，它的伴侣正在孵它们的六枚卵。铁爪鹀享受着这正午的明亮和温暖，并未察觉到有个阴影出现在它旁边，挡住了太阳。那个从天而降的阴影是奇加维（Kigavik），一只矛隼。小银条没有听到铁爪鹀的歌声，也没发现那歌声突然停了，更未留意到一根胸羽几乎就飘落在它身旁。它全神贯注地盯着卵上出现的洞，唯一能听到的就只是一阵细微的、鼠叫一般的吱吱声，那是它的孩子发出的第一声啼叫。当矛隼飞回位于大海北面的岩石峭壁间的巢，将铁爪鹀喂给它的雏鸟时，小银条的第一只幼仔终于破壳而出，另外两枚卵的壳也裂开了。

小银条的心里第一次产生了一种挥之不去的恐惧——它害怕

它们弱小的孩子受到其他动物的伤害。它立马察觉到了冻原上的其他生物，耳朵敏锐地捕捉到贼鸥在潮滩上驱赶滨鸟时发出的尖叫，眼睛一下就注意到矛隼拍打翅膀的白色闪影。

四只雏鸟都孵化后，小银条开始将卵壳一片一片地移到远离鸟巢的地方。三趾鹬世世代代都是这样，靠着机智战胜了乌鸦和狐狸。无论是岩石观望台上眼力超群的矛隼，还是等待旅鼠出洞的贼鸥，都没看到这长着褐色斑点的小鸟在药水苏丛中悄悄移动，也没察觉到它将身体贴在那坚韧的苔原草地上。只有当它刚刚跑到山脊另一边的谷底时，在莎草间跑来跑去的旅鼠和在洞穴附近躺着晒太阳的小动物们才看到了这位新晋的滨鹬母亲。但旅鼠个性温和，向来和三趾鹬相安无事。

在刚过去的短暂夜里，第四枚卵也孵化了。小银条一整夜都在忙活，直到太阳东升时，它才将最后一片卵壳藏进莎草丛间的砾石里。一只北极狐从小银条旁边经过，它坚定而无声地在页岩上小跑着。它看到三趾鹬母亲的时候眼睛都亮了，它嗅了嗅空气中的味道，确信附近一定有雏鸟。小银条飞到了远离莎草的柳树上，看到狐狸翻出了卵壳，闻了闻，然后开始往莎草坡上爬。这时，小银条振起翅膀扑向狐狸，它摔在地上，又忍痛拍打着翅膀，悄悄地溜到砾石上。整个过程中，小银条如雏鸟一般，发出尖锐的叫声。狐狸迅速冲向它，它便快速地飞到空中，飞越山脊之巅，又出现在另一个地方，引逗狐狸追着它跑。它一点一点地将狐狸引到山脊的另一头，往南到了一片沼泽洼地，那儿填满了从高处流下来的溪水。

狐狸正沿着斜坡往上小跑的时候，那只在巢里孵卵的雄瓣蹼鹬听到了低沉的叫声。"扑哩！扑哩！唏嘶——咦咳！唏嘶——咦咳！"那叫声来自雌瓣蹼鹬。它正在附近站岗，看到狐狸往坡上跑之后就发出这个警报。雄瓣蹼鹬赶紧悄悄地从巢里溜出来，经过它专门打造的青草丛中的逃生通道跑向水边，它的伴侣已经在那儿等着了。两只鸟游到池子中间，焦虑地打着圈，梳理着自己的羽毛，然后将长喙刺入水中，假装在捕食，直到闻不到狐狸的麝香气味后才停下来。雄瓣蹼鹬胸前脱了一块毛，这意味着雏鸟快要孵化了。

小银条将北极狐引到离雏鸟足够远的地方后，开始绕着海湾坪地飞行。它不时地在潮水边缘停留几分钟，紧张地捕食，然后，便快速地飞往药水苏丛，回到四只雏鸟的身边。它们的身体还湿湿的，绒毛看起来是黑色的，不过它们很快就会变干，显出羽毛原本的黄褐色、砂色和栗子色。

三趾鹬母亲凭直觉断定这个位于冻原洼地、它为自己量身打造的、垫着枯叶和地衣的小窝已经不安全了。北极狐看到它时那发亮的眼睛，那在页岩上翻找出卵壳的柔软的肉趾，还有北极狐嗅雏鸟气味时抽搐的鼻孔，在它看来都象征着重重危险，那种无形的危险不可名状。

太阳下落至地平线时，只有位于悬崖高处的矛隼巢还能被阳光照射到并反射着微光，而此刻，小银条带着四只雏鸟躲进了冻原无尽的灰暗之中。

在过去漫长的几天里，小银条领着四只雏鸟漫步于满是石头的平原；在短暂的寒夜或暴雨突袭荒原时，它会将孩子护在自己的身下。它领着雏鸟沿着湖水满溢的淡水湖边行进，那里的潜鸟扑腾着翅膀降落在湖中，喂养它们的雏鸟。在湖畔和越来越湍急的溪流里出现了新的食物。小三趾鹬们学会了如何去捕捉昆虫和在溪流里找到昆虫幼虫。它们还学会了听到妈妈发出警告信号后压低身体贴近地面，一动不动地隐藏在石头之间，直到妈妈再发出尖细的叫声来通知它们可以回到它身边去了。就这样，它们成功地躲避了贼鸥、雪鸮和北极狐。

出生后的第七天，小雏鸟的翅膀上已经长出了三分之一的正羽，而身体还覆盖着绒毛。再过四天，翅膀和肩膀就会全部换上羽毛。两周大的时候，这些刚学会飞的小三趾鹬就可以跟着妈妈从一个湖飞到另一个湖了。

现在，太阳会落到地平线以下更深的地方，夜色更暗，黄昏变长了。雨也下得更频繁了，落雨刚柔相间：下暴雨时，雨水强力地冲刷着大地；下细雨时，雨水犹如苔原上的花瓣般轻轻地落下，润物无声。淀粉和脂肪等可食用的成分都存储在种子里，以此供养珍贵的胚芽，胚芽里面包含世代传承的种族基因。至此，夏天的任务已经完成了。不再需要鲜艳的花瓣来吸引蜜蜂传播花粉，所以花瓣谢了；不再需要叶子伸展开来吸收阳光，并利用叶绿素、空气和水进行光合作用，于是绿色褪去了，叶子染上了红色和黄色，随后便凋零了，梗也枯萎了。夏天就这样逝去了。

不久之后，鼬身上就长出第一撮白色的毛，而北美驯鹿的毛也开始变长了。许多雄性的三趾鹬自孵化雏鸟后就聚集在淡水湖旁，现在它们也已经离开、前往南方了。黑脚也是迁徙队伍中的一员。在海湾的泥沼地上聚集了上千只新生代三趾鹬，它们刚学会飞翔，仍然沉浸在喜悦当中，热衷于成群往上冲，或者快速掠过平静的海面。红腹滨鹬则将自己的后代从山上领到了海岸，离开的成年红腹滨鹬也日渐增多。就在小银条孵卵地附近的池子里，有三只瓣蹼鹬雏鸟正在沿岸拍打着脚掌打转、低头扎入水中捕昆虫。而它们的亲鸟，早已在数百英里外的东边，在远洋开启了南下的旅程。

在八月的某一天里，小银条原本和其他三趾鹬一起，在给自己的孩子喂食。但突然之间，它就和四十多只成年鸟儿一起飞上高空。这群三趾鹬首先围着海湾绕了一个大圈，翅膀上的白色条纹不时在空中闪烁着，然后它们返回，啼叫着飞在沼泽上空。此时沼泽上的幼鸟还在翻腾的碎浪里跑来跑去，到处找吃的。看了孩子最后一眼，它们便掉头向南，拍着翅膀飞走了。

亲鸟已经没必要留在北极了，它们已经把巢筑好，尽心尽力地把雏鸟孵化出来了，也教会了新生代的小鸟如何觅食、躲避敌人和弱肉强食的生存法则。当这些幼鸟长得足够强壮、可以完成横跨两个大陆的旅程时，它们也会根据流淌于血液中的"记忆"，踏上这条道路。就在此时，成年的三趾鹬感受到了南方那温暖气候的召唤，太阳将会作它们的向导。

那天傍晚太阳快要下山的时候，小银条的四个孩子和其他二十来只刚学会飞的三趾鹬来到内陆的平地。这里和海洋中间隔了一个山脊，而南边则是高山。平地上铺着一层青草，许多地方是深绿色的沼泽，上面的草皮更加柔软。三趾鹬沿着一条蜿蜒的小溪流来到了这里，当晚决定留在小溪边过夜。

三趾鹬听到，整个平原因充斥着一种如温柔细语般持续的沙沙声而变得热闹起来。那声音像是风穿过松树林时发出的声音，但是这片无垠的荒地上并没有树；那声音又像是流水轻轻溢出河床，冲刷着石头，使鹅卵石摩擦发出的声音，然而今天晚上，小溪流已经被封锁在了夏末的第一层薄冰之下。

原来那是很多双翅膀振动的声音，是毛茸茸的动物穿越平原上的低矮植被的声音，是无数只鸟低语的声音。成群的金鸻在集会。它们有的来自海洋上广阔的沙滩，有的来自海豚湾边，还有的来自方圆数英里内的冻原和山地，这些腹部黑亮、背上点缀着金黄斑点的鸟儿正聚集在平原上。

夜越深，金鸻越激动。暮色逐渐笼罩冻原，黑暗在北极降临，只剩下地平线上的一点亮光，仿佛一阵风吹来就能挑起太阳之火的余烬似的。新成员到来后，大伙儿原本高涨的情绪不断升温，鸟儿的合唱也越来越响亮，歌声如风一般掠过平原。在那整齐的低吟声中，不时会出现领头鸟颤抖的高音。

将近午夜时，候鸟即将启程。第一批大约有六十只，它们振翅而飞，围绕着平原盘旋，整顿好队伍后便保持队形往南方和东方飞去。一群又一群候鸟扬起翅膀，紧跟在领头鸟后，贴着那涌动着的、如深紫色海洋般的冻原低飞。那尖细的翅膀，每一下拍打都充满力量，它们是如此优雅和美丽；为了这次旅程，候鸟们储备了无限的能量。

叽——吖！叽——吖！

天空中传来候鸟那尖锐、颤动的呼唤声。

叽——吖！叽——吖！

冻原上的每只鸟都听到了这呼唤，它们充满了紧迫感，躁动不安。

才满一岁的幼鸟，分散在冻原各处，成群结队地在地上漫步，它们一定听到了这呼唤。可是，没有一只幼鸟加入迁徙的候鸟群之中。它们还需要再等几周，才会踏上没有陪伴与指引的迁徙之旅。

飞行一小时后，迁徙的队伍便不再以群划分，而是连成了一片，如河流一样。这条壮观的"河流"倾泻于空中，南向和东向的分支不断延长，跨越这片荒芜的土地，跨越北方的海湾之端，一直延伸到天际，迎向预示着新一天到来的黎明。

人们都说，这是这么多年以来最壮观的金鸻迁徙群。在哈得孙湾西岸布道的尼科莱（Nicollet）神父说，这次的队伍让他想起年轻时见过的壮观的候鸟群，那时，金鸻还没有被过度猎杀，不像现在这么少。清晨，哈得孙湾沿岸的因纽特人、捕鸟者和商人都抬头仰望空中的迁徙队伍，他们看着队列末尾的鸟飞越哈得孙湾，逐渐消失在东方。

前方晨雾迷蒙处是拉布拉多的崎岖海岸，那里遍布长满紫色果实的岩高兰灌木丛；再往前，便是新斯科舍的潮滩。从拉布拉多到新斯科舍的路上，鸟群缓慢地前进，吃一些成熟的岩高兰浆果、甲虫、毛毛虫和贝类，囤积脂肪、储蓄体力，以便有体力飞行。

不久后，鸟群再次启程，而这次它们向南飞去，直奔朦胧的海天相接处。南下的旅途中，它们将跨越两千英里海洋，从新斯科舍飞到南美洲。它们贴着海面径直地快速飞行，坚韧笃定，风雨无阻。航海的人将有幸从远处看到这一景象。

有的候鸟也许会在中途坠落：年老或生病的候鸟会掉队，然

后找一个僻静的地方孤独终老；有的不幸牺牲于捕猎者的枪下（这
些人公然违反法律，只为通过阻止候鸟迁徙体现出的"勇敢"和
激情燃烧的假象来满足自己虚妄的快感）；还有的会因疲劳过度
而跌入海洋之中。但前进的队伍从来不去想前方可能的失败或是
灾难，它们一路唱着甜美的歌，飞过北方的天空。它们心里再次
燃起迁徙的热情，燃尽了其他的一切欲望和激情。

夏末

　　九月过后，三趾鹬已经换上白色的羽毛，它们趁着退潮，又开始在名叫"船之浅滩"的海滩上跑来跑去地捕捉鼹蟹。它们从冻原北部启程之后，多次为了觅食而中断旅程——在哈得孙湾和詹姆斯湾上有许多可供捕食的广阔的海滨泥滩，而新英格兰地区以南的海滩同样也是不错的捕食地。在秋季的迁徙中，鸟群总是不慌不忙，春天里为了保住种族而拼命北迁的紧迫感此时已完全得到了释放。追随着清风和太阳，它们向南飞去，前进的过程中，时而有北来的候鸟加

入，时而有成员因找到往年的冬栖地而离队，因此迁徙的队伍时
而壮大，时而缩小。向南迁徙的滨鸟大潮中，只有很少一部分能
坚持飞到南美洲的最南端。

浪边再次响起饱餐归队的滨鸟的鸣叫声，盐沼上又开始萦绕
着杓鹬的哨声。除此之外，还有其他的征兆预示着夏季就要结束
了。九月一到，海湾地区的鳗鱼就已经开始往下游出发，游向海
洋了。这些鳗鱼来自山上和高地草原。它们从黑水河的源头——
柏木树沼[1]——出发，穿越横跨六个海拔梯度的巨大潮汐平原，
赶往入海口。在河口和海湾处，它们和未来的伴侣相聚了。不久
之后，它们就会穿着银色的结婚礼服，想要随着落潮进入海里寻
根，却迷失在黑暗无边的海中央。

同在九月，春天产下的鱼卵孵化成年幼的西鲱，它们随着河
水游到了海里。起初，它们在广阔的水流中缓慢前行，因为越靠
近河口，河面越宽，给小鱼助力的水流也就越发缓慢。然而不久
之后，当秋雨降临，风向改变时，冰冷的海水将会驱使这些不到
一指长的小鱼加速迁往温暖的海域。

九月，当季最后一批孵化的幼虾开始沿着水道进入海湾。这

---

1. 树沼，地表被浅水淹没或浸润、主要生长湿生木本植物的湿地，包括森
   林沼泽和灌木沼泽。

批新生命的到来象征着一次全新的旅程即将开始——上一代的虾
几周前刚刚经历过相同的旅程。没有人目睹过这一旅程，更没有
人能够形容。整个春夏，越来越多一周岁的成年虾沿岸悄然溜
走，跨越大陆架，游到深蓝色的海底峡谷。自开启这趟旅程，它
们便不会再回来。但它们的后代，经历了数周的海洋生活后，会
随着海水回到那片比较安全的内陆水域。在整个夏季和秋季，幼
虾会游到海湾或者河口，寻找温暖的浅滩，那里既有沉积的淤泥
又有咸咸的海水。它们在这里如饥似渴地享用着丰富的食物，并
在地毯般的大叶藻下寻求庇护，以躲避饥饿的鱼类的捕食。这些
年轻的生命成长得飞快，不久，它们就会再一次奔向海洋，追寻
那苦涩的海水和它更深沉的节奏。当最后一批孵化出的幼虾随着
九月的潮水经过海湾口时，孵化较早的幼虾已经游出海湾，向着
海洋出发了。

　　还是这样一个九月，沙丘里海燕麦的圆锥花序变成了金褐
色。阳光下的沼泽地闪耀着盐渍草那柔和的绿色和褐色、灯心草
那温暖的紫色，还有海蓬子的鲜红。桉树看起来仿佛是河岸沼泽
地里燃起的红色火焰。秋日的寒气弥漫于夜晚的空气中，遇到暖
和的沼泽后氤成雾气，隐住了黎明时分站在草丛间的白鹭的身

姿；这雾气也掩护了奔跑在自己啃掉无数草秆才开辟出的小路上的田鼠，使它们得以躲过老鹰犀利的追踪；同样，这雾气也使得燕鸥只能在滚滚浪花上白白扑腾着翅膀，却由于看不清海湾里成群的银汉鱼而一无所获，直到太阳将迷雾驱散。

夜里的寒冷空气让散布于海湾各处的鱼儿们焦躁不安。这些青灰色的鱼，身披大片的鱼鳞，背负四个如扬起的船帆般的低矮鱼鳍。它们就是在海湾和河口度过了整个夏天的鲻鱼，大叶藻与川蔓藻间只有它们在徘徊，取食动物的粪便和海底淤泥上的碎叶子。但一到秋天，鲻鱼就会离开海湾，进行一次远游，途中还会产下自己的下一代。因此，秋日的第一丝寒意便让鲻鱼感受到了海洋的节奏，也唤醒了它们迁徙的本能。

寒冷的河水和夏末的潮起潮落召唤着海湾里的幼鱼回到海洋。这些幼鱼中包括了鲳鲹、鲻鱼、银汉鱼和鲥鱼，它们生活在障壁岛上一个名为"鲻鱼池"的地方，在那里，障壁岛的沙坝向"船之浅滩"的平坦沙地倾斜。这些幼鱼在海洋里出生，通过一条年初形成的临时通道进入了池子。

当满月如同一个胀满的白气球一般出现在夜空中时，在引力的作用下产生的大潮在海湾口的沙滩上冲刷出一条小沟。只有当

潮水冲到最高点时，海水才会涌入那毫无生机的池子里。此刻，
落潮拍打着海岸，强力地冲刷、卷走松散的沙粒，最终以沙滩上
之前留下的一个缺口为突破口，在陆地码头的渔艇还来不及靠岸
时，就已经冲刷出了一条沟，或者说是泥坑，打通了海洋和池子
的界线。这条沟不足十二英尺宽，涌起的海浪拍打到沙滩上时，
将沟冲刷成瓶颈的形状。翻滚汹涌的海水就如在磨坊引水槽中翻
滚一般，哗哗作响，泡沫涌动。一个接一个的海浪通过沟涌进池
子。这些海水跃起后骤然拍下，冲击力将底部戳得高低不平，满
是皱褶；随后海水渗入池子四周的沼泽，悄然渗透到草根与红色
的海蓬子秆间。海浪还在沼泽上留下一团团褐色的泡沫云雾，泡
沫里的沙粒填充了草秆间的空隙，让沼泽看起来就好像是一个长
满了短草的沙滩。但事实上，这些草在水下的长度足有一英尺，
而现在，它们只露出了三分之一。

　　奔涌而来的潮水荡起了泡沫，卷起了漩涡，释放了无数困在
池子里的小鱼。数不清的小鱼从池子和沼泽一涌而出，在疯狂的
混乱中竞相冲向干净清凉的海水。兴奋之中，它们将自己交托于
浪涛，在浪涛中不断翻转。在到达小沟中部的时候，它们一次又
一次地纵身跃向空中，闪烁着点点的银光，仿佛一群发光的昆虫

在不断上升和降落。再一次拍向海岸的浪将这支疯狂冲向海洋的突击军又推了回来，因此，有许多鱼都会被卷入浪中，尾巴朝上，在海水的威力下徒劳地挣扎。当海浪终于肯放过它们时，它们赶紧沿着小沟游向海洋，那里有它们熟悉的翻滚的碎浪、干净的沙底和清凉的绿色海水。

此时的小池子和沼泽又如何困得住它们？它们在沼泽的草丛间穿梭，一群接一群地跳出池子。一个多小时了，这场大逃亡仍在继续，逃生大军一刻也不曾停歇。当初，它们中的大部分大概是在上一次夜空中如钩的朔月引发的大潮中被卷进来的。而如今，月亮已然盈满，这一次欢腾豪迈的海浪是在召唤它们回到大海。

它们继续前进，穿过了白浪翻滚的碎浪带。接着，鱼群中的大部分通过了较为平缓的绿色浪潮，来到第二层碎浪带。这里的浅滩引得远洋中的海水倒灌进来，激起白色海浪，使得鱼群四处流散，一时失了方向。在这个紧急时刻，白浪上空还有燕鸥猎守，而无数的小鱼却只能在入海口附近滞留。

接下来的几天，天空如鲻鱼背般灰暗，乌云好似翻涌的海浪。贯穿整个夏季的西南风，开始转为北风。在这样的早晨，大鲻鱼会在入海口跳来跳去，甚至跳过海湾的浅滩。渔船都被冲到了沙滩上，一堆堆灰色的渔网摞在船上。渔民站在海滩上，望着海水，耐心地等候。他们知道天气变化之后，海湾里的鲻鱼会成群聚在一起。他们更知道，不久之后鱼群就会赶在海风来临之前穿过水湾，沿着海岸往下游，渔民代代相传：这时得"用右眼盯着海滩"。其他鲻鱼来自北面海湾，还有的从外部通道游来，沿着一连串的障壁岛往下游。于是，渔民等待着，坚信祖辈传授的智慧一定没错；放着空网的小船就在一边。

除了渔民，旁边还有其他捕鱼者，等着抓鲻鱼，其中包括一只叫作潘迪安（Pandion）的鹗。渔民每天都看着它如一小块乌云般在天空中四处盘旋。为了打发时间，他们站在海湾沙滩或者沙丘上打赌，看它何时会潜入水中。

三英里外的河岸边，潘迪安在一丛火炬松上筑了个巢。在繁殖的季节里，它和它的配偶孵育了三只雏鸟。起初，这些雏鸟身披绒毛，颜色就如枯老的树桩；如今，它们已经羽翼丰满，能自己飞出去捕食了。但潘迪安和它的配偶，这对相伴一生的忠诚眷侣，仍继续生活在这个居住了多年的巢穴里。

巢穴的底部足有六英尺宽，开口也有至少三英尺宽。它的尺寸如此巨大，海湾地带泥路上那些骡子拉着的农车都难以将它装下。两只鹗这么多年来一直在修缮自己的巢穴，利用被浪潮冲刷上岸的一切可用之物来加固它。现在，这棵四十英尺高的松树顶部已基本上全用于支撑鸟巢了，而构造巢穴的棍子、树枝和碎草皮因为重量过大几乎把所有树的枝干都压死了，只有底部的一些枝干得以幸免。这些年里，两只鹗在鸟巢里编入了各种东西：海岸捡来的仍系着绳子的二十英尺的曳网，也许还有一打左右的钓具上的软木浮子，以及许多鸟蛤和牡蛎壳、一只鹰的残骸、贝壳那如皮革一般的卵壳丝、一截损坏的橡树干、一只破渔靴和一团缠绕不清的海藻。

在这个正日渐破败的巨大巢穴的下面几层，许多小鸟找到了自己的栖身之所。那个夏天，潘迪安的巢穴下部生活着三家雀、四家椋鸟和一家卡罗苇鹪鹩。春天的时候，有一只猫头鹰占了潘迪安巢穴的好些部分，有一只美洲绿鹭也曾在那里生活过。潘迪安一直和善地包容所有的房客。

经历了第三天的阴霾和寒冷后，阳光终于冲破云层了。渔民在一旁观望，看着潘迪安展翅翱翔，在闪着微光的水面上，乘着一股暖流飞上天空。它的下方，海水就如绿色丝绸一般迎着清风泛起涟漪。燕鸥和黑剪嘴鸥在海湾的浅滩处休息，它们的大小就跟知更鸟差不多。一群海豚黑色的光亮背脊在海水中时隐时现，就像一条黑色巨蟒在水面上游动。潘迪安那琥珀色的眼睛闪闪发亮，因为它看见了一道光线三次跃出水面，落下时激起一片水花，之后随风消逝。

潘迪安下方的绿色海面上出现了一个影子，一条鱼探出水面，水面泛起了涟漪。在下方两百英尺的海湾里，有一条叫作米盖（Mugil）的鲻鱼——也就是之前说的那道光。它正在积蓄力量，兴奋地准备将自己抛到空中。正当它在第三次腾跳下降的过程中舒展肌肉时，一个黑影从天而降，用钳子般的利爪扣住了它。这鲻鱼可有一磅多重，但潘迪安却轻轻松松地将它钳住，飞越海湾，带回三英里外的巢穴中。

当潘迪安从河口沿着河流往上飞的时候，它用双爪扣住鲻鱼，鱼头朝前。靠近巢穴时，它松了左爪，巡查了一会儿，最终落在巢穴外的树枝上，右爪仍紧紧抓着鱼。潘迪安花了一个多小时来慢慢享用这条鱼。当它的伴侣靠近时，它立即弯下身子护着鲻鱼并对着它厉声叫。如今巢穴已经完工，所以每只鹗都必须自己捕鱼。

当天稍晚些时候，潘迪安返回河里捕鱼，它俯冲下去，将双爪插入水中，移动了大约扑腾十二下翅膀的距离，为的是清洁爪子上沾着的鱼的黏液。

在潘迪安再去捕鱼的途中，它早已被一只大褐鸟锐利的眼睛监视了一路，那只大鸟栖息于河流西岸的一棵松树上，俯瞰着河口的沼泽地。"白顶"（White Tip）是一只秃鹰，如海盗一般，如果能从附近的鹗手中抢食，就绝不会自己动手捕鱼。当潘迪安从海湾出来后，白顶紧随其后，乘风上升，飞得比潘迪安高得多。

两个黑色的身影在空中盘旋了一个小时。随后，高处的白顶看见潘迪安突然直线降落，缩小到麻雀般大小时，海面正好溅起白色的浪花，它就此消失了。三十秒后，潘迪安从水中出来了，用力迅速拍打着翅膀向上冲，直线上升了五十英尺，然后稍事调整，径直飞往河口。

白顶将这一切都看在眼里，知道潘迪安肯定已经抓到鱼，准备带回松树上的巢穴里了。一声刺耳的尖叫划破天际，直刺潘迪安的耳朵，紧接着白顶在潘迪安上方一千英尺处疾飞猛追。

潘迪安又怒又惊，开始喊叫，它使出双倍力气拍打着翅膀，企图在白顶展开攻击前赶回松树，寻求庇护。然而由于爪中的鲶鱼太重，鲶鱼又在抽搐挣扎，潘迪安必须用爪子紧紧抓住它，速度也因此减慢。

在岛屿与大陆之间，在白顶飞出河口几分钟后，它立马飞到潘迪安正上空。它半合翅膀，疾速下降，穿过羽毛间的风呜呜作响。它要超越潘迪安的时候在空中急转了一个弯，接着往水面下降，展开双爪准备攻击。潘迪安躲闪、扭动身体，算是躲过了那八根短弯刀。白顶还没来得及调整自己，潘迪安就已经往上冲了两百到五百英尺的样子。白顶尾随着它猛冲，飞在了它的上面。但就在白顶已经开始要弯腰攻击时，潘迪安又一次极速上冲，速度远远超过了敌人。

与此同时，那条鱼因为离开水太久，疲软的身体停止了所有的挣扎。就如清透的玻璃上贴着一层雾气一样，鱼的眼睛看上去也一片朦胧。身体那鲜活时美丽的绿色和金色光泽也迅速褪去，变得黯淡无光。

经过一轮轮上腾与俯冲后，潘迪安和白顶冲到更高更空旷的上空，早已看不见海湾和浅滩白沙的踪影了。

"嘁！嘁！嘁吱咳！嘁吱咳！"潘迪安一阵狂叫。

白顶再次附身袭击，潘迪安惊险地躲开了鹰爪的攻击，胸前

白色的羽毛被扯下了十多根，它们随风飘落。突然间，潘迪安收
起翅膀，如石头般向海里坠落。快接近海面时，风在它的耳边呼
啸，它几乎听不到声音，它的羽毛也被风使劲拉扯着。面对一个
比自己更强大且更有耐力的敌人，这已是它的最后一招了。但那
从天而降、残酷无情的黑影，降落的速度比潘迪安还要快，最终
追上了它。而眼看着海湾那渔船的轮廓越来越清晰，直到都能看
到海鸥翱翔时，白顶从潘迪安的爪子里扯走了鱼。白顶将鱼带回
到它在松树上的窝，将鱼肉从骨头上撕下来。此时，潘迪安正在
水湾上方用力拍打着翅膀，向海洋出发，重新捕鱼去了。

风吹入海

　　次日清晨，当海浪扑打在水湾沙洲上时，北风撕裂浪尖，形成一片水雾。鲻鱼因风向转变而兴奋地在小渠中不停跳跃。在浅浅的河口与海湾的多个浅滩里，鱼群察觉到了突然从空气中传到水里并掠过它们身体的一阵寒意。鲻鱼因此开始往深水处进发，那里储存着阳光的余热。现在，它们开始从海湾各处汇集，组成巨大的鱼群，向着海湾的峡道前进。峡道通往水湾，而水湾则是通往远洋的门户。

　　风，从北面来，吹向河流，却在到达河口前被鱼群抢了先机。沿着鱼群的踪迹，风，拂过海湾，汇入海口，吹向大海。

　　峡道白沙底部上方的水域里，渐退的潮水领着鲻鱼穿行在更深沉的葱郁中，伴随着每日两次的潮起潮落，强烈的水流将海底冲刷得干干净净，不利于任何活物停留。鲻鱼群的游动引得上方原本平静的海面密集颤动，在太阳的金光下如无数散落的水晶碎片般闪闪发光。鲻鱼一条接着一条地游向海湾那波光粼粼的水面；又一条接着一条地加速弯曲着身体，积聚力量，跃入空中。

　　随着潮水前行的鲻鱼经过一个名为"银鸥浅滩"（Herring Gull Shoal）的细长沙坑，那里沿渠建有一面巨石墙，用于阻挡被水流带回的散沙。这儿的海藻翠绿并大得夸张，它们的固着器紧紧地抓着被藤壶和牡蛎包裹、呈现为白色的石头。一双满是恶意的小眼睛隐藏在防浪堤中一块石头的影子里，看着鲻鱼往海里游去。这是一条十五磅重的康吉鳗，它生活于海底的石头之间。这条粗壮的鳗鱼沿着防浪堤的暗墙捕食途经的鱼群，它会从黑暗的洞穴中突然冲出，凶猛地将这些鱼都钳在嘴里。

　　就在游弋的鲻鱼群正上方 12 英尺的水层里，成群的银汉鱼排着整齐的队形抖动着，每条鱼都反着光。不时会有二十来条银汉鱼冲破水面，跃过鱼类世界的表层，腾于空中，而后又如雨点般回落——它们会先将身体弯曲，然后刺穿空气与海水间那层坚实的界面。

潮水带着鲻鱼流经海湾里的十多个沙坑，每个沙坑都聚集了一小群栖息的海鸥。在一块古老的贝壳岩上，海水在贝壳间留下淤泥和沙粒，退潮带来沼泽草的种子，混合在土壤里，这一切正使这块贝壳岩逐渐变成一个岛屿。在岩石上，有两只海鸥正忙着捕食文蛤，这些贝类半露半掩地埋在湿沙中。海鸥找到这些贝类后，首先会凿开它们那透明、厚实且满布浅褐色和浅紫色的闪光条纹的壳。经过一番努力后，海鸥用它们有力的喙撬开了贝壳，尽享里面鲜嫩的蛤肉。

鲻鱼继续前进，游经一个巨大的水湾浮标。那个浮标在潮水的压力下斜倾，它的大铁块随着海水起伏，仿佛正随着海水不断变化的节奏调整着自己制造的音乐的韵律。这个浮标仿如自成一个世界，漂浮在海湾水面上。海浪时而将它托起，时而反向穿过它的槽位，由此引起的潮起潮落交替而至。

自去年春天以来，浮标就没有被修葺或重漆过，上面已经布满了厚厚的藤壶、贻贝、囊状的海鞘和苔藓虫那柔软的苔藓块。泥沙和绿色的海藻丝穿插在贝壳缝隙间，也夹杂在如密实的毯子般紧紧吸附在浮标上的动物中间（藤壶等）。在这一团厚厚的生物体中间，有一种身体瘦长、披着盔甲的端足目动物，它柔软的身体时而收缩在壳内，时而探出壳外，无休止地寻找食物。海星爬到蛤蜊和贻贝上捕食，只见它用强壮的触手上的吸盘牢牢地吸住贝壳，强行将其撑开。在贝类之间，海葵的口盘时开时闭，伸出触手在水里猎捕食物。这二十多种生活在浮标附近的海洋生物大多在数月前才来到这里，那会儿正是海湾和水湾布满生物幼体的季节。这些生物幼体大多都如玻璃般透明，但比玻璃更脆弱，如果不能找到一个稳固的地方附着，它们注定要在幼年逝去。那些碰巧遇到海湾的巨大浮标的生物，通过身体分泌的黏着液、足丝或固着器将自己固定下来。它们将在那儿度过余生，成为那个摇摆世界的一部分，一起在潮湿的空间中转动。

　　水湾中的峡道越来越宽，而原本淡绿色的海水也因海浪搅起的散沙变得浑浊。鲻鱼仍在继续前进。海浪的低语逐渐提高声调。凭借着敏感的侧线，鱼察觉到了巨大的撞击和海水振动的厚钝的声响。海水节律的变动来自长长的水湾沙洲，那里海浪翻涌，将海水打成白色泡沫。如今鲻鱼已经穿过峡道，开始感受到海洋更绵长的韵律——海水的上涨，来自大西洋深处洋流突然的升起与跌落。就在第一条碎浪带之外，鲻鱼在更大的海浪里腾跳。它们一条接一条地游到水面，跃起到空中，随后落回水中，激起一片白色水花后，又回归到前进的鱼群中。

站在水湾一个高沙丘上的望风者看到了冲出水湾的第一条鲻鱼。凭借着丰富的经验，他根据鲻鱼腾跳激起的水花大小推测出鱼群的规模与前进速度。虽然船员和他们的三条船已在远处下游的海滩上等待着，望风者却并未因第一条鲻鱼的经过而给出任何行动信号。海水仍处于退潮期，潮水的拉力依旧向着海洋，因此不能逆着这个方向拉渔网。

沙丘群是一个汇集了强风、扬沙、盐雾和烈日的地方。如今的风从北方吹来。在沙丘的凹陷处，滨草随风倾斜，它们那锋利的叶尖在沙上重复地画着圈。从滨外沙坝吹来的风卷起细沙，形成白色的"薄雾"，飘向海洋。从远处看来，海岸上的空气略显浑浊，仿佛有一层雾正要从地上升起。

海岸边的渔民并没有看到那阵沙雾，他们只感觉到沙打在眼睛和脸上的刺痛，沙雾似乎穿过了他们的头发和衣裳。渔民们掏出手帕，蒙在脸上，然后将头上的长舌帽拉低。从北方吹来的风带来了扑在脸上的沙子和船下翻滚的波涛，同时意味着鲻鱼就要来了。

　　烈日炙烤着站在沙滩上的男人们，一些妇女和孩子也在那儿帮家里的男人拉绳子。孩子们光着脚丫，在沙滩上那退潮形成的水坑里　水，激荡起层层砂浆波。

　　潮水已退去，一条船已被推入碎浪区，随时准备用来捕捉即将前来的鱼群。在这样的海浪下，要让一条船下水并不容易。男人们如机器的零件般跳到各自的岗位上。那条船调整到了合适的状态，在绿色的巨浪中颠簸。就在碎浪带之外，男人们在船桨处听候指令。船长站立在船头处，双臂交叉，双腿随着船只漂浮的节奏屈伸，双眼往水湾的方向看去，直视海水。

　　这绿色海水里的某个地方有鱼，而且是好几百条鱼，甚至是几千条鱼。不久以后，它们就会来到渔网的范围内。北风萧萧，鲻鱼要抢在风之前穿过海湾，沿着海岸前进，这是鲻鱼在过去数千年坚守的传统。

　　六只海鸥正在海面上鸣叫，这说明鲻鱼已经在路上了。其实，海鸥想要的并不是鲻鱼，而是那些因大鱼群穿过浅滩而惊慌逃窜的小鱼们。鲻鱼已经来到碎浪带之外了，穿行速度就跟成年男人在沙滩上能达到的最快行走速度一样。那个戴着长舌帽的望风者已经定位到鱼群了，他转向渔船，背对鱼群，向船员挥手比画着鱼群的路径。

男人们将双脚抵在船的横梁上，并准备好船桨，用力将船沿着半圆的轨迹推入海滨。合股线织成的渔网安静稳妥地从船尾坠落到水里，软木浮子随着船只浮上水面。渔网另一端的绳子由海岸上的六个男人拉着。

船四周围满了鲻鱼。它们以背鳍划开水面，上下跳动。男人们划桨划得更努力了，试图赶在鱼群逃走前划回海岸收网。最后一道浪线处的海水深不过腰，男人们一到那里便纷纷跳入水中。他们自觉抓住渔船，奋力将它拖到海滩上。

鲻鱼所在的浅滩上原本透明的浅绿色的水正因海浪搅动沙粒而变得浑浊。鲻鱼因为即将回到海洋并再次融入苦涩的海水中而无比兴奋。受本能的强烈驱使，它们集体投入到了第一段旅程中，远离沿岸浅滩，进入海洋开端处的蓝色迷雾中。

鲻鱼那绿色的前行路径中满是阳光，但隐约出现了一个影子。那个影子从一张暗淡的灰色幕布变成了一张由十字交叉的细长线构成的网。队伍里的第一批鲻鱼碰上了渔网，不禁犹豫起来，用鱼鳍拍动着海水停留在原处。后面的鲻鱼却哄然往前挤，凑到渔网前好奇地探索着。当第一波恐慌在鱼群中传开时，它们立即往岸边冲去，企图逃走。在岸边的渔民将渔网线往回收，将网中的鱼困在浅得无法游动的水域中。鱼群开始往海中游，但网内空间却逐渐变小。那是因为岸边的男人们，正站在及膝的水里，在溜砂里精神振奋地拉着绳子，与海水的拉力抗衡，与鱼群的拉力抗衡。

随着渔网合起，逐渐被拉往岸边，围网中的鱼抵抗的力量也变得更大了。鲻鱼群歇斯底里地寻找出路，它们合起数千磅的力在围网朝向海洋的一端竭力往外冲。终于，它们向外的冲力将网的底部彻底从海底拉了起来，鱼儿们悄然从网底逃出，冲向深海，它们中有些还在这个过程中被泥沙刮伤了腹部。对渔网每个动静都相当敏感的渔民，察觉到了渔网被拉了起来，知道快要到手的鱼正在逃走。他们拉得更用力了，仿佛肌肉都要裂开，背部也感到火辣辣地痛。岸上的六个人跳进了深至下巴的海水中，抵着海浪的冲击踩住测深绳，将渔网压在海底。但在外围的软木浮子离他们还很远，有差不多六条船的长度那么远。

突然间，整个鱼群往上直冲。水花四溅，水雾腾起，在一片混乱中，上百条鲻鱼一跃而起，跃过了浮子纲。如骤雨般急降的鱼群不停地弹向渔民，而渔民正背对着这些鲻鱼，拼尽全力地将浮子纲扯出水面，这样的话，那些腾起的鱼在撞到渔网时就会落回到这个闭合的圈中。

在海滩上，两堆松散的渔网正在越积越多，网眼里卡着许多还不及人手掌长的小鱼。此刻连着测深线的绳子正越沉越快，而渔网看起来就像一个拉长了的大袋子，满满的都是鱼。当这个"袋子"最终被拖上边缘浅滩的时候，空气中爆发出阵阵如掌声般的声响，那是成千条鲻鱼用尽最后一点力气拍打在湿沙上的声音，它们以此来宣泄所有的愤怒。

渔民们敏捷地将鲻鱼从渔网中取出来，然后抛到等在一旁的船里。他们熟练地一抖网，将扣在网眼里的小鱼抛到海滩上，里面有小海鳟、鲳鲹、去年繁殖季产下的鲻鱼、条斑马鲛、羊头原鲷和海鲈鱼。

不久，那些小得卖不出、没人吃的小鱼就被扔在水面以上的沙滩上了。它们的生命力正在逐渐消逝，它们渴望着有机会可以跃过那几码¹干沙地回到海洋里。这些小鱼，其中一部分稍后会被海浪冲回海里，而剩下的则被大海小心搁置于潮水不可及的地

1. 码，英美制长度单位，1 码等于 0.9144 米。

方，和一些小棍子、海藻、贝壳和海燕麦残株混在一起，从此便成了海洋为高潮线上的捕食者源源不断地提供的食物。

渔民随后又拖了两张网上来，但因为潮水已快要涨满，他们便开着满载着鱼的渔船离开了。一群海鸥沿浅滩飞来，正要饱餐一顿。它们白色的身体在泛灰的海洋上格外显眼。正当许多海鸥在为争夺食物而"拌嘴"时，两只体形较小、羽毛光滑漆黑的鸟，小心地行走于海鸥群之间，将鱼拖到海滩更高的地方慢慢享用。它们是鱼鸦，主要靠觅食海边的死螃蟹、死虾或者其他残骸为生。日落之后，成群的沙蟹就会从沙洞里爬出来，横扫被潮水冲上岸的废弃物，将岸边最后一丝鱼的痕迹都清理掉。沙蚤早已聚集在一起，它们吃掉那些死去的鱼来补充自己的生命力。在海洋里，物质是循环的。一个个体消亡了，另一个个体就会因它而生，这些珍贵的生命元素会一次又一次地在无止境的生物链上传递。

在这个夜里，渔村里的灯光逐一熄灭，渔民为了驱走北风带来的寒冷而聚集在火炉前。与此同时，鲻鱼群正顺畅地穿过水湾，沿着海岸往西边和南边前进。它们游经黑色的海水，海里的浪尖就像大鱼留下的尾迹一样，在月光下闪烁着银光。

卷二　海鸥之径

春日海洋里的迁徙者

在切萨皮克海角到科德角[1]的肘状突起处之间，是陆地和真正意义上的海洋的交界处，那儿离高潮线约有五十到一百英里。而判断海洋真正开始的标志，并不是海水离海岸的距离，而是海水的深度。这意味着，无论在大陆架或是大陆坡的何处，只要那缓缓下降的海床承受了一百英寻[2]海水的重量，它就开始陷入真正的海洋底部峡谷区域里的悬崖峭壁之中，一

1. 科德角的英文字面意思为"鳕鱼角"。
2. 1英寻等于1.8288米，见"词汇表"。

下就从尚有微光的地方突然跌入无尽的黑暗。

在大陆架边缘那片蓝色的迷蒙中,鲭鱼群聚在一起懒散地度过最寒冷的四个月——在上游艰苦奋斗了八个月后,实在是需要休息一下。它们将留在深海边缘处,依靠夏天通过饱食囤积的脂肪维持生命,冬休快结束时,它们的身体会因满腹鱼卵而开始变重。

四月的时候,在弗吉尼亚州海角大陆架边缘的鲭鱼从冬休中苏醒了。也许是由于那向下的水流涌入了鲭鱼的栖息地,鲭鱼模糊地意识到了海洋里的季节变更——海洋中亘古不变的循环。原本位于海面的寒冷、沉重的冬季海水,在不断地下沉,慢慢压到海底并替换了原本位于那里的较暖的海水。暖和的海水正在上升,带着海底富集的磷酸盐和硝酸盐往上涌。春日的暖阳和营养丰富的海水将植物从沉睡中唤醒,使其迸发出无尽的活力,快速地成长、繁殖。春天为大地带来娇嫩翠绿的春芽和膨胀的蓓蕾,为海洋增加了大量硅藻——一种体形极小的单细胞生物。也许鲭鱼正是从这些水流中得知,上游水中的植物已生长繁茂,成群的甲壳动物正在茂盛的硅藻堆里进食,并在水中产下了大片精灵似的幼仔。不久以后,各种鱼类都会穿行于春日的海洋中,捕食表层海水中丰富的生物,并产下后代。

也许，还是那水流，经过了鲭鱼停留的地方，带来了从冰封中苏醒的淡水即将到来的消息。冰雪融化后，淡水从滨海河流汹涌而下，直入海洋，冲淡了海水那苦涩的咸味，水流降低的密度也招来了满腹鱼卵的鱼类。而无论春日通过何种方式唤醒沉睡的鱼类，鲭鱼的响应总是迅速的。它们组成庞大的旅队，成千上万甚至数十万的成员浩浩荡荡地穿过幽暗的水域，直奔海洋上层。

在鲭鱼越冬水域以上约一百英里处，海水从幽深的大西洋底部往上升，就要爬过大陆坡那泥泞的侧面。海水就在那极度黑暗与静止的深海中一英里一英里地上升了数百英里，海水颜色也从黑色逐渐褪变成紫色，然后从紫色转为深蓝，而深蓝最后将化作蔚蓝。

在离海面一百英寻的海底，海水在一个陡峭的边缘上翻滚——那是由大陆基底形成的碗状区域的边缘——然后开始沿大陆架缓坡往上爬。在大陆架边缘处，海里第一次出现了成群徘徊的鱼类，它们在这片食物丰盛的海底平原上进食。在深海渊通常就只有瘦小的鱼单独或者组成小队伍捕猎、争夺稀少的食物，但在这里，鱼类有着丰富的食物资源，包括成片的植物状的水螅体、苔藓动物、蛤和躺在沙里无所事事的鸟蛤；虾和螃蟹偶尔也会突然现身，看到鱼一直张开的嘴后，它们便犹如老鼠见到猫一样飞快离开。

此刻，小型的汽油驱动渔船在海上巡视着。四处可见的海水倾泻着穿过悬浮着的数英里长的刺网的网眼，或是与沙质海底上网板拖网的拉力抗衡着。现在，鸥那白色的翅膀首次在空中排出了队形，除了三趾鸥外，其他的鸥都乐于拥抱海洋的边缘，因为它们在远洋会感到不安。

海水进入大陆架的时候，遇到了一连串和海湾平行的浅滩。海水在经过五十到一百英里、成为潮水之前，必须跨过一个甚至是一连串这样的浅滩，越过海底峡谷，攀爬到另一边那宽约一英里的布满贝壳的高原。随后，海水会从在近海岸一侧再次向下，落入另一个山谷更幽深的阴影里。高原的食物资源比山谷的更加丰富，那儿有一千多种无脊椎动物可供鱼类食用，因此很多体形较大的鱼类都在这里觅食。海底浅滩上方水域里的小型植物群和动物尤其丰富，这些种类各异的生物要么随着水流漂浮，要么懒洋洋地晃荡着寻找食物，它们就是海洋漫游者，或称浮游生物。

鲭鱼离开越冬地前往海滨时，并没有沿那条跨越海底丘陵和山谷的路径前行。相反，仿佛迫切想要到达阳光照耀着的上层水域一样，它们几乎垂直地向上游了数百英寻，终于到了水面。经过了为期四个月的深海中的阴暗生活后，鲭鱼在表层明亮的海水里游动时格外兴奋。它们边游边将吻部探出水面，似乎是想要体会苍穹是如何包裹住这片灰绿色的广阔海洋的。

在鲭鱼冒出水面的地方，完全找不到任何可分辨东西南北的标志，但鱼群却并没有一丝犹豫，径直从深蓝、咸涩的深海出发前往那片因灌注了来自河流与海湾的活水而变成淡绿色的水域。它们在追寻一片宽广的、形状不规则的水域，那里的海水始于南偏西方的切萨皮克海角，流向北偏东方的楠塔基特岛南部。大西洋上鲭鱼的繁殖地有时候离海岸只有二十英里，有时候则离海岸五十英里或者更远，但自古以来就在这里。

在四月的后半部分，鲭鱼忙着从弗吉尼亚海角的深海里游上来，并匆忙赶往海岸。春迁伊始，海中充斥着兴奋的骚动。有的鱼群规模相对较小，而有的鱼群队伍则有一英里宽、数英里长。白天的时候，海鸟们目睹鱼群如乌云般穿过绿色的海洋往岸边前进；而当夜幕降临时，鱼群就像融化的金属倾倒入海，这是因为它们惊起了无数发出荧光的浮游生物。

鲭鱼虽然悄无声息，但它们的穿行却为海水带来了巨大的骚动。远处成群的玉筋鱼和鳀肯定早就察觉到了鱼群靠近引发的振动，它们带着恐惧，匆匆穿过远方那片绿色的海水。也许那振动也传到了鲭鱼下方的浅滩——穿行于珊瑚间的小虾和螃蟹感受到了，攀爬于石头上的海星感受到了，狡猾的寄居蟹感受到了，海葵那浅色的"花朵"也感受到了。

鲭鱼赶往海岸时，队伍分出多个层次。鲭鱼从远洋蜂拥而来时，那些分散在大陆边缘和海岸间的浅滩的颜色常常会因它们而变暗，正如地球的颜色曾一度因另一群生物——旅鸽——经过而变暗一样。

这些前往海岸的鲭鱼队伍会及时到达近岸水域，并在那儿排出卵和精子，这将使它们的身体减重不少。它们会在所经之处留下由无比微小的透明球体组成的浩瀚的生命之河，就如同天空中的星河——银河。据说，在一平方英里内就有数亿颗鱼卵，而渔船航行一小时经过的区域里鱼卵量就可达数十亿，整个繁殖区域的鱼卵加起来，数量多达数百万亿。

产卵后，鲭鱼就会转而游向一片位于新英格兰地区向海处的食物资源丰富的水域。现在，鱼群只随心听从古老的召唤，前往那片水域，在那里，一种叫作哲水蚤的小型甲壳动物会如红色云朵般成群游过。至于鲭鱼的幼仔，海洋自会照顾它们，就像照顾其他鱼类、牡蛎、蟹、海星、蠕虫、水母和藤壶的后代一样。

一条鲭鱼诞生的故事

　　终于轮到小鲭鱼斯科博(Scomber)登场了，它出生在长岛西端南偏东、距离陆地七十英里的远洋的表层水域里。它刚出生的时候只是一个小圆球，比罂粟籽还小，漂浮于淡绿色的表层水域里。这个小圆球含有一小滴琥珀色的油脂，用于帮助它漂浮于水面；它还带着一个极小的灰色生命体，小得简直可以用针头挑起。这个小小的生命体在适当的时候变成了小鲭鱼斯科博。它是一条强壮的鱼，和其他同类一样拥有流线型身材，在海洋中四处游窜。

斯科博的父母是上一波鲭鱼洄游队伍中的成员，它们在五月的时候从大陆架边缘过来，虽因怀有鱼卵和精子而大腹便便，却仍旧极速地游向海滨。在迁徙旅程的第四晚，当一阵汹涌的水流涌向陆地时，鲭鱼开始将鱼卵和精子从身体里排入海洋。在其中一条雌鱼产下的四万至五万颗鱼卵里，就有一颗后来变成了斯科博。

在这个世界上，很少有比这天空与海水的领域更奇怪的诞生地，这里居住着奇特的生物，风、太阳和洋流是这里的主宰。这里很安静，只有海风在广阔无垠的水面上细语或怒号，或是海鸥迎着风发出高亢狂野的叫声，又或是鲸冲破水面，排出憋了许久的一口气，然后再次翻入海中。

鲭鱼群继续向北边和东边游去，它们的旅程很少会因产卵而中断。当海鸟在深色水域的平原处寻找夜晚的栖息地时，成群的长相奇异、来自幽暗的深海山丘和山谷的小型动物偷偷潜入了表层水域。夜里的海洋属于浮游生物，属于微小的蠕虫和小螃蟹，还有那透明的大眼虾、藤壶和贻贝的幼仔、长得如钟一般、不断浮动的水母以及海中其他避开阳光的小鱼。

这的确是一个奇怪的世界，居然让鲭鱼卵这样脆弱的小生命随波逐流。海水里到处都是小型捕猎者，它们都要靠牺牲邻居来维持自己的生存，无论邻居是植物还是动物。鲭鱼卵被那些刚孵化不久的小鱼以及贝类、甲壳动物和蠕虫的幼仔推来挤去。那些幼仔，有些甚至刚出生几小时，就已经在海里独自游来游去，忙于寻找食物。有些幼仔会趁机来到水面，用螯钳住一切小得可被征服与吞食的食物，有些则更愿意捕捉动作不如自己敏捷的猎物，或是用下颌咬住或用长满纤毛的嘴吸住那些漂浮着的绿色或金色的硅藻。

当然，海洋里还布满了其他长得比那些微型幼体更大的捕食者。就在成年鲭鱼离开不到一小时后，一大群栉水母上升到了海面。栉水母长得就像巨型醋栗，它们通过拍打呈盘状分布的纤毛来游动。这些纤毛分为八束，分布在透明身体下方的四周。它们的成分几乎都是海水，但每天都要多次捕食和自己近乎等重的固态食物。如今，它们正在缓慢地往海面游去，在那儿有数百万颗刚刚产下的鲭鱼卵，它们在上层海水自由漂浮。它们来到海面时，缓缓地绕着身体轴心旋转，发出的磷光就像冰冷的火焰。栉水母整夜都在用它们那足以致命的触手划拨着海水，细长且具有弹性的触手都可以伸展至身体的二十倍那么长。当它们因贪婪取食而相互碰撞时,在折返旋转间为黑暗的海水带来一片如霜的绿光。漂浮的鲭鱼卵也被由触手组成的柔软的网收尽,随着触手的迅速收缩,它们被送入等待美食的嘴中。

在斯科博来到世界的第一晚,还是鱼卵的它多次和栉水母那冰冷、光滑的身体碰撞在一起,栉水母探寻的触手只差一寸之距便能进入到鱼卵漂浮的地带,在那儿,斯科博的原生质颗粒已经分化为八部分,开始进入受精卵迅速转化为胚胎的发育阶段了。

就在斯科博所在的含有数百万漂浮的鲭鱼卵的卵群里,有上千颗鱼卵止步于生命的第一阶段,它们都被栉水母捕捉并吞食,迅速地转化为敌人体内的高水分组织,再以这种形式漫游于海洋,"捕捉"自己的同类。

夜里,海洋平静地躺在无风的天空下,栉水母对鲭鱼卵的大屠杀仍在继续。临近破晓时,海水开始随着一阵来自东方的微风轻轻颤动,不过一小时,持续吹向西南方的风就卷起了大浪。当海面的第一次汹涌平息后,栉水母开始沉向深水。即使是栉水母这样只由两层相互包裹的细胞组成的简单生物,也会有自我保护的本能,这种本能使它们察觉到,如此凶猛的海水会对它们脆弱的身体造成具有毁灭性的威胁。

在鱼卵从母体排出后的第一个夜里，百分之十的生命都终止了——它们不是被栉水母吃掉，就是因为某种遗传上的缺陷在几次细胞分裂之后就死去了。

现在，一阵向南刮起的大风，虽然为鲭鱼卵暂时驱赶了大部分水面上的敌人，但也为它们带来了新的危机。上层海水顺着海风的方向流动。漂荡在水上的鱼卵也随着水流向西南方转移，所有海洋生物的卵都无法决定自己的行动，只能任由海洋将它们带到任何地方。不巧那西南方向的水流带着鲭鱼卵远离了它们的出生地，来到一片不仅几乎没有给幼鱼提供食物、反而布满了饥饿的捕食者的水域。在这种情况下，每一千颗鱼卵里最多只有一颗可以幸运地完成发育。

次日，当金色的鱼卵小球里的细胞经过无数次分裂，终于开始在卵黄上形成盾状的胚胎时，一大群新的敌人正穿过重重浮游生物到来。箭虫是一种透明、细长的生物，如箭般穿过海水，向各个方向捕获鱼卵、桡足类动物，甚至是自己的同类。虽然在人类看来，箭虫只不过是不足四分之一英寸长的小动物，但由于长着凶猛的头部以及锋利的钩和齿，它们对于体形相对小的浮游生物来说简直如恶龙般可怕。

漂浮的鲭鱼卵被横冲直撞的箭虫撞得四下分散，当水流和潮水将鲭鱼卵群带到另一个水域时，原本庞大的卵群因箭虫的捕食而伤亡惨重。

在其他鱼卵被捕捉或吃掉时，斯科博胚胎所在的鱼卵还是毫发未损地漂浮着。在五月的暖阳之下，这些鱼卵中新生的年轻细胞被刺激得进入了前所未有的活跃状态——不断生长、分裂、分化成为不同的细胞层、组织和器官。经过两日两夜，那细丝状的身体开始在卵里成形了，身体中间的部位沿着供给营养的卵黄球弯曲着。现在已经可以在中间看到一条细细的隆起正在形成，那是一条正在逐渐硬化的棒状软骨，脊柱的前身；在前端底部突起了一块，那是头的位置，在上面有两个较小的凸点，那是眼睛的位置。第三天，在脊柱的两侧出现了十二块"V字形"的肌肉板；通过那仍旧透明的头部组织可以看到里面的脑叶；囊状的耳朵也出现了；眼睛将近发育完成，通过卵壁可见其中的黑色，斯科博那仍看不见东西的小眼睛仿佛正穿过卵壁凝视着周围的海洋世界。当天空为了迎接（斯科博生命世界的）第五次日出而变亮时，在斯科博头部下面，一个只有薄薄一层壁保护的囊袋——已被囊内包含的液体染成了鲜红色——在颤抖着，抽动着，并开始以稳定的节奏跳动着。从这一刻起，只要斯科博身体内仍有生命，它就会一直跳动。

就在这一天里，斯科博以惊人的速度成长，仿佛是在为即将到来的孵化冲刺。不断变长的尾巴上长出了一条薄薄的向外凸起的组织，那是支鳍骨，日后沿着这里会长出一排像风中绷紧的旗子一样的小尾鳍。而那纵贯小鱼腹部的敞开的凹槽的两侧，在一个包含七十多块肌肉的肌肉板的保护下，正在稳步地向下生长。下午三点左右，凹槽就闭合、形成了消化道。位于心脏上方的口腔更深了，但离消化道的形成还具有相当长的距离。

一直以来，海面的水流在海风的推动下，带着一团团的浮游生物，稳定地向西南方奔涌。在鲭鱼卵产下后的六天内，海洋里的捕食者对鱼卵的捕食从未中断，已经有超过半数的鱼卵被吃掉或者在生长过程中死亡了。

有几个晚上，鱼卵伤亡最严重。那都是伸手不见五指的夜晚，海洋静静地躺在广阔的苍穹之下。在这些夜里，水中的浮游生物如星辰般闪烁，数量和亮度都胜过天空中的繁星。成群的栉水母、箭虫、虾、水母体和半透明的有壳翼足动物已经从海底游到水面，点亮了幽暗的海水。

当东方黑暗的天幕中出现的第一抹亮色预示着地球正将万物带进黎明时，外来的队伍正匆忙赶往海水深处，那是浮游生物在躲避即将升起的太阳。这些小生物中，只有很少一部分能受得了在日间停留于水面，除非有云朵将太阳那万丈光芒之矛挡住。

斯科博和其他小鲭鱼会在时机合适时加入那匆忙的队伍，一齐在日间前往深绿色的海水中，在天黑之时再游上来。而现在，胚胎态的斯科博还被困在鱼卵里，不具备独立控制行动的力量。因为鱼卵仅仅停留在与自身的密度相同的海水里，所以斯科博只能在那个等密度的海水层里随洋流水平移动。

第六天的时候，水流将鲭鱼卵带到了一个驻满螃蟹的海底浅滩里。此时正值螃蟹的繁殖季——这时，那些在雌蟹身上待了一个冬天的卵终于要破壳，长成如小精灵般的幼蟹了。小螃蟹们一破壳就立即向上层水域出发了，它们会在那儿经历多次蜕皮，直到外形最终变成螃蟹该有的样子。只有经历过浮游生物的阶段，它们才能拿到正式成为螃蟹家族的一员的入场券，并将生活在宜人的海底平原。

现在它们在快速向上游，每只新生的小螃蟹都依靠自己那棒状的附肢稳稳地游着，睁着黑色的大眼睛四处搜寻，随时准备用那形如锋利鸟喙的口器抓住任何大海提供的食物。在那个白天剩下的时间里，这些幼蟹和鲭鱼卵一同随着水流漂浮，因此幼蟹吃了很多鲭鱼卵。傍晚的时候，潮汐流和由海风掀起的水流相撞，许多幼蟹被海水冲向了岸边，而鲭鱼卵则继续向南漂流。

海中有许多迹象表明已经来到更南边的区域了。在幼蟹出现的前一晚，方圆几英里范围内的海水被一种名叫淡海栉水母的南方栉水母那耀眼的绿光照亮了，这种栉水母的纤毛刷在日间呈现彩虹颜色，到晚上则闪亮如荧光绿宝石。现在，另一种南方水母霞水母第一次出现在温暖的海面，它摆动着，肆意伸展着数百条触手来寻找鱼类或其他任何可以纠缠上的东西。有时，海洋会因大群的樽海鞘而"沸腾"好几个小时，这是那些顶针大小的透明桶状小动物通过抽动条状肌肉来弹跳引起的动静。

就在鲭鱼卵产下后的第六个晚上，小鱼卵那坚实的表层开始破裂了。一条条小鱼悄悄地溜出曾经的活动范围，第一次感受海水与身体的接触。这些小小的鱼儿，小到二十条头尾相连都还不到一英寸长。在这些孵化的小鱼中，有一条就是斯科博。

斯科博很明显还是一条没发育完全的小鱼。它看起来像是过

早地从鱼卵里出来了，一副无法照顾自己的样子。它的腮裂虽然
明显，却没有一直延伸到喉咙，所以对呼吸没有帮助。它的嘴就
是一个封闭的囊袋。幸好，新生的小鱼还连接着可供取食的卵黄
囊，它将暂时依靠卵黄为生，直到它的嘴可以张开为止。但也是
由于身负庞大的卵黄囊，这条小鲭鱼只能倒悬在水里，随波逐
流，无法控制自己的行动。

　　在接下来的三天里，伟大的生命力带来了惊人的变化。随着
生长发育的继续，小鱼的吻部和腮部都长成了，背部、身体两侧
和腹部也开始发育，小鱼逐渐具备了自主移动的能力。它的眼睛
在色素作用下变成了深蓝色，可能正是这一变化使得眼睛开始能
够将眼前的信息传递到它的小脑袋里。渐渐地，卵黄囊开始萎
缩。而随着它的萎缩，斯科博也发现自己的身体可以平衡了，它
通过仍然滚圆的身体和鱼鳍的摆动运动在水中畅游。

　　海水随着稳定的洋流正一天天地向南奔涌，但是斯科博并没
有感知到。即使感知到了，它那无力的鱼鳍也完全无法与水流
抗衡。它随着海水漂流，从此正式成为了浮游生物漂流俱乐部
的一员。

浮游生物杀手

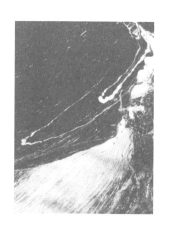

　　春天的海洋里满是匆忙的鱼。变色窄牙鲷正从弗吉尼亚海角的越冬地向北迁徙，朝着新英格兰地区南端的沿海水域出发。它们将在那儿繁殖后代。数群年幼的鲱鱼贴着水面快速移动，掀起的涟漪比清风扬起的还稍弱些。而成群的油鲱队伍紧凑地前行，身体在阳光下闪耀着棕色和银色的光辉。在虎视眈眈的海鸟看来，它们就如乌云般在平滑的深蓝色海面上掀起皱褶。夹杂在油鲱和鲱鱼漫游队伍中的是姗姗来迟的美洲西鲱，它们不偏不倚地游在那条通向见证了它们生命诞生的河流的海洋航道中。美洲西鲱的队伍犹如一道闪着银光的生命曲带，最后一批春迁的鲭鱼队伍则闪着蓝光和绿光交织其间。

在表层水域中，这些匆忙的鱼冲撞着刚出生的小鲭鱼；也是在那里，几群刚从遥远的南方归来的海燕在振翅翱翔，这可是它们在这个季节的首次亮相。海鸟徐徐地从平坦的平原和海中小丘间的一个地方转移到另一个地方，优雅地低飞在聚集了浮游生物的水面，停在那里犹如蝴蝶轻吮鲜花中的花蜜般捕食。这些小海燕一点也不了解北方的冬天，因为当北方正值冬天时，它们早已回到了位于南大西洋和南极的海岛上的繁殖地。

有时海面上会一连几个小时飘着白茫茫的"水雾"，那是北鲣鸟最后一次春迁飞往圣劳伦斯湾的陡峭石崖时留下的痕迹。它们通常会从高空中插入水中，拍打着强壮的翅膀和蹼，追踪猎捕那深潜入水的鱼。而随着海水继续向南流，灰色的鲨鱼更频繁地出现在水面，在成群的油鲱中猎食；浮出水面的海豚背部在阳光下闪闪发亮；而年岁已高、背着藤壶的乌龟也到海面浮游了。

但斯科博至今仍毫不了解它生活的这个世界。它的第一口食物，是海水里一种极其微小的单细胞植物，那是它连水一同吸进嘴里、再经鳃耙过滤后才吃到的。随后，它学会了捕食跳蚤般大小的甲壳类浮游生物，还学会了冲进浮游生物群中，迅速地吞掉新食物。斯科博和其他小鲭鱼一样，白天大部分时间都待在水面以下数英寻的地方，而到晚上，它们则会游上来穿行在因浮游生物而闪着荧光的漆黑海水里。这些举动都是下意识的，对于这条小鱼而言，它只是在追随自己的食物而已。斯科博到此刻其实还分不清白天与黑夜的区别，也不懂哪儿是水面，哪儿是海底。但它会发现，当自己摆着鱼鳍往上游的时候，时而会进入一片闪耀着金光的绿色水域，那儿会有移动的身体突然出现在自己的视线内，动作迅速且可清楚地看到，非常可怕。

斯科博在表层水域里首次体验到对被猎杀的恐惧。孵化后的第十个清晨，它并没有和大伙儿一同前往海洋深处寻找那柔和的阴暗，而是停留在了水面下几英寻的地方。有一打反射着银光的鱼突然从清澈的绿色海水里冒了出来。它们是鳀鱼，体形小，长得像鲱鱼。游在最前面的那条鳀鱼发现了斯科博，它改变了航道，边盘旋边穿越那段隔开它与斯科博的水域，张着嘴准备捕获这条小鲭鱼。突然受惊的斯科博转向想要躲开，奈何它的游泳技能还未成熟，只得在水中笨拙地翻滚。原本再不出一秒斯科博就会被抓住吃掉，但另一条鳀鱼突然从对面弹了出来，和前一条鳀鱼撞在了一起，而斯科博便在混乱之中冲到了它俩的下方。

这时斯科博才恍然发现自己已身处于一个由数千条大鳀鱼组成的鱼群里。它被那银色的鱼鳞从四方八面反射过来的亮光包围了。鳀鱼之间的碰撞推挤使得它企图逃生的努力化作徒劳。这个庞大的鱼群无处不在，从斯科博的上方、下方和四周蜂拥而至，贴着明亮的水面发疯似的前进。没有一条鳀鱼发现这条小鲭鱼，那是因为，这个鱼群自身也在全速逃跑。一群年幼的青鱼闻到了鳀鱼的气味，随即转身追逐它们。一眨眼，青鱼就已紧贴于猎物之后，如狼群般凶猛地猎食着鳀鱼。领头的青鱼猛地向前冲，"啪"的一声合上长满如剃刀般尖利的牙齿的下颌，一下就抓到了两条鳀鱼，随后两对彻底被切断的鱼头和鱼尾就被水流冲走了。水中充斥着鲜血的味道。青鱼群仿佛是被血腥味刺激到了，猛烈地左右摇摆。它们从鳀鱼群中心穿过，冲散了原有的队形，使得小鱼们慌忙地四处乱窜。许多小鳀鱼往水面冲去，越过水面进入了上方陌生的空间。就在那儿，它们被盘旋的海鸥抓住了，海鸥是与青鱼一同行动的捕鱼者。

随着屠杀的扩张，清澈的绿色海水因一片仍在扩散的污迹而逐渐变得浑浊。斯科博用嘴吸入的海水穿过鱼鳃，带来了一种随着铁锈色而至的陌生味道。对于小鱼而言，这是一种使它焦虑不安的味道，因为它从未尝过鲜血，也未曾见识过捕食者的贪婪。

当猎物和猎食者终于离开，连由最后一条杀红了眼的青鱼造成的强烈振动都平息时，斯科博的细胞才重新感知到那只有海洋才能传来的有力且稳定的节律。这条小鲭鱼的感官已被它遭遇的那些不停旋转、摆动、挤来挤去的怪物们折腾得麻木了。它是在那明亮水域的上层遇到那些竞相追逐的恐怖幽灵的，而如今，它们已经离开了，于是它也启程，穿过亮光回到绿色的幽暗中，一英寻一英寻地向下寻找那片遮掩一切可能潜藏着的恐怖事物从而让它感到心安的幽暗。

下沉过程中，斯科博闯入了一团食物云，它们是一群透明的大脑袋甲壳动物幼仔，上周才在这片水域孵化出来。这些幼仔笨拙地在水里移动着，摆动着羽毛一般的小脚，这些小脚成两列地从纤长的身体中伸展开来。许多年幼的鲭鱼都在猎食它们，而斯科博也加入了猎食的队伍。它抓住了一只幼仔，并用嘴巴顶部压碎那透明的身体，然后吞下。这种新食物让它很兴奋，它很迫切地想要抓到更多，于是它开始在幼仔间弹来弹去。当下，它心里只有饥饿感，仿佛刚刚大鱼们带来的恐惧感从未存在过一般。

　　当斯科博在离水面五英寻的翠绿"迷雾"中追捕幼仔时，一道明亮的光在它的视线内划过，形成一条耀眼的弧形轨迹。几乎是在同一时刻，另一道急剧向上弯曲的彩虹色的弧形闪光出现，并且随着上方一个闪烁着微光的椭圆球体的靠近而变得越来越宽。触手再一次向下伸了过来，那上面的纤毛在太阳下泛着微光。斯科博本能地感到有危险，尽管它自成为幼鱼以来至今都没遇到过栉水母——这个侧腕水母家族的成员、所有小鱼的敌人。

　　突然之间，犹如被上方的手一下子松开的绳子一般，一条触手掉落到离栉水母那仅一英寸长的身体超过两英尺远的地方，接着，触手迅速伸到斯科博尾巴附近并打着圈搜索。这条触手的侧面长着一排如毛发一般的纤毛，就像鸟类羽毛的羽轴上长出的羽枝一样，只不过这些纤毛细得像蜘蛛网丝一样。触手的所有纤毛都在分泌一种胶状黏液，使斯科博无助地受困在无数细丝间。斯科博奋力地想要逃跑，它的鳍在水里猛摆，身体也激烈地甩动着。而这条触手却在稳定地收缩、伸展，有时细如发丝，有时粗得像条绳子，而后又再次变得如鱼线般纤细，就这样逐渐地将斯科博一步步带到更接近栉水母的嘴前。此刻，斯科博距离栉水母那在水中轻柔旋转的冰冷光滑的身体已经不足一英寸了。栉水母形状如醋栗，嘴朝上躺在水中，轻松而单调地重复拍打着八排长着纤毛的栉板，以使自己的身体保持在固定的地方。从上空投下的阳光给栉板上的纤毛镀上了一层火红的光辉，亮得使被拖着沿敌人光滑的身体向上移动的斯科博都快看不到了。

本来下一秒斯科博就可能落入栉水母那耳垂状的嘴中，然后被送到身体中部的囊袋里被消化掉；而在这一刻，它仍安然无事，因为栉水母抓住它的时候还在忙着消化上一顿食物——它在半小时前捕到的一条年幼的鲱鱼，此时它的嘴边还冒出鲱鱼的尾巴和后三分之一的身体。栉水母膨胀得很厉害，那条鲱鱼实在太大了，所以无法整条吞下。栉水母尝试通过剧烈收缩来将整条鲱鱼强行挤入嘴里，但失败了，因此它不得不等待鲱鱼的主要部分消化完毕，以腾出空间吃鱼尾。于是它将斯科博当作储备食物，只能等吃完鲱鱼后再吃它。

斯科博那间歇性的挣扎还是无法帮助它逃离触手的缠绕，而且它的力量也越来越弱。栉水母的身体扭曲着，平稳且坚定地将鲱鱼进一步运至那亡命囊袋，而且，消化酶在那儿还会以惊人的速度，神奇地将鱼的身体组织转化为栉水母可以吸收的物质。

现在，一个黑色的影子挡在了斯科博与太阳之间。一个巨大的鱼雷状物体若隐若现地出现在水里，张着血盆大口，将栉水母、鲱鱼和被困的斯科博都吞噬了。这是一条两周岁的海鳟，它吞下了栉水母那满是水的身体，试探地用口腔顶部压碎了它，没一会儿就厌恶地把它吐了出来，伴随而出的还有斯科博。斯科博痛苦万分且疲惫不堪，几乎丢了半条命，但终究还是摆脱死去的栉水母，重获自由了。当一团海藻——那是潮水从下层的河床扯出来或者从遥远的海岸拖过来的——飘进斯科博的视线中时，虚弱的它用尽力气慢慢地游到海藻之间，无力地随着海藻漂浮了一天一夜。

那天晚上，当成群的幼年鲭鱼游到水面附近时，它们已经越过了一片死亡之海。在它们下方十英寻的地方，数百万只栉水母一层层地堆在一起，相互触碰。它们在转动着，颤动着，将触手伸得尽可能远，似乎要将海洋里的一切小生命都扫光。那些在晚上误入深水区的幼年鲭鱼，遇上这层排列紧密的栉水母大军后再也没有回来，当随日落而变得越来越暗的海水变成灰色后，许多浮游生物团和幼鱼都赶忙从水面往下游，很快就落入了死神手里。

　　这一大群栉水母延伸了几英里，幸运的是，它们都潜伏于较深的海里，甚少会浮到表层水域——海洋里的生物通常会按照它们所在的水层深度来分类，一层叠着一层。而在第二夜，叶状的淡海栉水母向上浮了几英寻，黑暗之中，凡是它们那绿色的荧光闪耀之处，一些不幸的小生物就会面临生命危险。

　　当天后半夜，另一种同类相食的栉水母——人拳头大小、囊状、粉色的瓜水母——军团也来了。这个瓜水母军团来自一个大海湾，随着一个盐分相对较低的潮汐迁移到沿岸水域。海洋将它们领到了那一大群淡海栉水母转动、颤动的地方。体形大的栉水母（瓜水母）压在体形小的上面，它们成百上千地吞食自己的同类。它们身体那宽松的囊袋可以膨胀得非常大，其强大的消化能力，总能使它们腾出更多进食空间，因此它们很少会饱得吃不下。

　　当清晨再次降临海洋，原来那淡海栉水母的群落已骤降至只见零散漂浮的规模。这片它们曾经停留的海域此刻却静得出奇，因为经过昨晚的浩劫，已经没有什么还活着的生物留下了。

海港

　　当螃蟹看到太阳升起时，斯科博也到达了位于新英格兰地区的鲭鱼水域。七月的第一次涨潮将它送到了一个海港，一片形状细长的土地掩护着它免受海洋威胁。斯科博作为一只无助的幼鱼，被海风与洋流从南端数英里外运送至此，终究回到了最适合年幼鲭鱼停留的家。

　　如今，斯科博已经步入了生命中的第三个月，它的体长已经超过三英寸了。在沿岸旅途中，它那笨重的、待发育的身体已经被塑造成鱼雷形，

肩部的力量增加了，锥形腹鳍摆动的速度也更快了。它现在已经
换上了属于成年鲭鱼的海洋新装。虽然已披上鱼鳞，但由于鱼
鳞十分柔软、小巧，它的身体触感仍如天鹅绒一般顺滑。它的背
部是深蓝绿色的——那是它尚未到达过的深海的颜色，映在蓝绿
色背景上的是一些不规则的墨色条纹，从背鳍中部一直延续到腹
鳍。它的腹部则发出微弱的银色亮光。在阳光的照耀下，贴着水
面畅游的斯科博闪着彩虹的颜色。

　　许多幼鱼都生活在海港里——包括鳕鱼、鲭鱼、青鳕、青鲈
和银汉鱼——主要是因为这里食物丰富。每天，潮水都会从广阔
的海洋涌入海港两次，沿途经过狭窄的入口——一侧是长长的海
堤，另一侧则是一片由岩石组成的海岬。由于通道十分狭窄，大
量潮水在通过时承受着极大的推力，流速极快。当海水打着旋儿
快速流过小湾时，它们会带来大量的浮游生物，夹杂着被潮水从
海底或岩石上拉扯下来的小生物。每天，当干净、极咸的海水两
次流入海港时，幼鱼会兴奋地蹿出来捕食潮水为它们带来的食物。

　　海港里的幼鱼中有数千条都是鲭鱼。它们在出生后的前几周
里，分散在不同的沿海水域里，但在水流的推动和自己的漫游的
共同作用下，它们终究还是被带入了这个海港里。由于群居本

性已明显表达，年幼的鲭鱼很快便合而成群。因为每条鲭鱼都经历了漫长的洄游，所以它们现在很满足于能在海港里日复一日地安稳度过。它们时而沿着长满海藻的海堤上下徘徊，时而静静享受海水在小湾温暖浅滩上冲刷的节律，有时也会游到海上去迎接涌入的潮水，焦急等待着总是随潮水而至的成群的桡足类动物和小虾。

海水从狭隘的水湾流入海港时，遇到海底冲刷而成的洞便打着旋儿下陷，伴随涡流向前疾冲，途中撞上巨大的岩石便碎成白色的浪花。这儿的潮水汹涌澎湃，不可预料，潮水从涨潮变为退潮以及从退潮变为涨潮的时间在海港内外都不同，两侧潮水带来的推力、拉力以及海水的重力在水湾中时刻都在变化。在水湾的岩石上，缠绕着一群热爱湍急水流和无休的漩涡的生物，这些生物从使它们藏身的深色突起和长满水草的岩架里伸出贪婪的触手和下颚来捕食水中蜂拥而至的生物。

一旦通过了水湾，海水就会在小海港里呈扇形扩散开来，沿着海港东边的海堤疾速向前奔，拍打着码头桩，使劲地拉扯停着的渔船。海港西部的水面上倒映着伸出海岸的橡树和雪松丛，海水在海岸的石头间激起柔和的碰撞声。海港北部边缘处，海水在沙质海滩上浅浅地铺开，清风拂过水面，引起阵阵涟漪。

海床之上，海水倾泻而入，穿过高及人腰的海藻丛。在海床上，只要是有岩石之处，这样的水底花园就会生长起来。由于海床上岩石甚多，在海鸥和燕鸥看来，海床的地面满是布着海藻的深色斑驳。海藻丛间的沙质海底尚有一些空地，海港里的小鱼会急躁不安地涌入。这些闪亮的银绿色队伍蜿蜒徘徊、转向、分流然后再汇合，或者突然因受惊而四处弹开，仿佛一片银色的流星雨。

斯科博沿着水流的方向进入海港，一心想寻找平静水域的它，曾在激浪中颠沛流离，在水湾里翻滚打转，最后终于找到。沿着海藻丛间的沙质海底前进，它来到了这片古老的海堤，这里布满了棕色、红色和绿色的海藻，就像是海堤披上了一条厚厚的海藻壁毯。湍急的水流掠过海堤，当斯科博正要进入这水流时，旁边的海藻团里有一条深色的、短肥的小鱼猛地弹了出来，吓得斯科博警惕地游开了。那是一条青鲈，它和同类一样钟爱码头与海港。这条青鲈的一生基本上都在这个海港里度过，大部分时间都在海堤和渔船码头的庇护下生活。它主要以依附在码头桩上的藤壶和贻贝为食，也会在码头桩和海堤间的海藻丛里寻找端足目动物、苔藓动物和其他生物。虽然只有那些最弱小的鱼类才会沦为青鲈的食物，但由于青鲈生性凶猛，在其猎食范围内出现的较大的鱼也会被吓跑。

现在，当斯科博沿着海堤向上游到一个映着渔船码头的影子的幽静水域时，一大群鲱鱼突然从阴暗处冒出来，冲到斯科博面前。它们身上反射着阳光，闪烁着翠绿色、银色或褐色的光芒。原来，这群鲱鱼正在躲避一条生活在海港里的幼年青鳕，它会恐吓并猎食一切比自己小的鱼。就当这群鲱鱼在斯科博身旁打转时，斯科博体内的一种本能被迅速唤醒了。斯科博转身，从几乎垂直的方向斜插过去，咬住了一条鲱鱼。它锋利的牙齿深深地嵌入鲱鱼柔软的身体组织。斯科博叼着鲱鱼游到更深的水域，在摇曳的海藻丛上方，将这条小鱼撕裂，分几口将它吃掉了。

当斯科博要转身离开它的食物时，青鳕正摆动着身体转头寻找任何可能仍在码头阴影下徘徊的鲱鱼。一看到斯科博，它就满身杀气地转身往下游，但如今这条小鲭鱼太大太敏捷，早已不是它可以抓得到的了。

这条青鳕出生在冬天的缅因海岸，这是它生命中的第二个夏天。当它还只有一英寸长的时候就已被洋流冲到南边的远洋水域，远离了出生地。之后，小青鳕凭借着新生的鱼鳍和肌肉的力量与海洋抗衡，成功回到了沿岸浅滩，并且还开始了前往出生地以南水域的长途旅行，途中猎食着当季汇聚于近海岸的其他幼鱼。青鳕是种凶恶、贪婪的小鱼，它可以击溃一个成员数千的鳕鱼幼鱼群，使小鳕鱼慌乱四散，躲到海藻和岩石下寻求庇护。

那个清晨，青鳕猎杀并吃掉了六十条幼年鲱鱼，到了下午，当玉筋鱼群从沙里现身，趁涨潮开始进食的时候，青鳕正在海港的浅滩里来回穿梭，只要那尖鼻子的银色小鱼一出现就立即开展猛烈攻击。去年夏天，当青鳕还只有一岁时，玉筋鱼是它最害怕的鱼类，因为它们会尾随青鳕幼鱼群，不断骚扰它们，直到将鱼群打散，然后用长矛状的嘴向落单的受害者进攻。

日落时分，斯科博和其他数十条小鲭鱼相聚成群，停留于水面下一英寻的蓝灰色水域。对于它们而言，此时是一天里的最佳猎食时间中的一个，会有无数的浮游生物在这时游经此处。

海湾里的海水相当平静。这会儿正是鱼类游上来用吻部刺破水面、窥探由拱形天空包裹着的奇怪世界的时间；是从远处沙洲或者浅滩穿过海水传来的悠扬钟声愈渐清晰的时间；是海底生物从洞穴和泥道里溜出来，或是从石底爬出来，脱离依附着的码头桩漂浮至表层水域的时间。

在最后一丝金色微光消失于水面之前，斯科博的腹鳍强烈地感觉到了一阵轻微、快速的震动，那来自海里的一群沙蚕。沙蚕属隶属于沙蚕科，体长约六英寸，这铜色的水生小精灵中的雄性在身体中部有一截表皮呈红色，宛若腰带。它们会成百地从沙洞和海港浅滩中的贝壳下冒出来，游到水面。日间，它们会潜伏于岩石之下的阴暗凹陷中，或是潜伏于可庇护它们的大叶藻根部中。当一些在海底活动的蠕虫或是行动迟缓的端足目动物移到附近时，它们也许会伸出外表凶恶的头部，张开琥珀色的口来一下将其咬住。而那些生活于海底的小型生物，没有谁能在不小心漂游到沙蚕洞附近后，仍可以从那里虎口逃生。

在日间，沙蚕虽是让猎物惧怕的凶恶小猛兽，但随着夜幕降临，群体里的雄性会现身，与同伴一起，向海洋那银色的"天花板"游去。当黑夜早早地落在了大叶藻根部间时，海底岩石突出部分的影子变得更长且更显深暗，雌性沙蚕在这时会选择留在自己的洞穴里。雌性沙蚕的身体上没有雄性那样的红色束腰，在身体两侧展开的两排疣足纤细且柔弱，也没有如雄性那样特化成便于游泳的扁平如桨的形态。

一群大眼虾赶在日落之前进入了海港，尾随而至的是更多的年幼青鳕，在黑夜降临前，还来了一大群银鸥。虽然这些虾的身体是透明的，但在银鸥看来，它们就是一团团移动的红点，因为每只虾的身体两侧都有一排红色的斑点。在黑暗的环境里，随着这些大眼虾在海港水域中四处弹跳，它们身上的斑点发出强烈的磷光。与这磷光一起的还有冰冷的绿光。那绿光来自栉水母，如今的青年斯科博已不再害怕这种生物了。

但在那天晚上，有许多怪异的身影游到了渔船码头附近的水域里，成群的青年鲭鱼也结队来到了这片幽静的水域。所有幼鱼的宿敌——枪乌贼，也成群地来到了海港里。枪乌贼在春天的时候从越冬地远海迁徙过来，为的就是能在夏天时饱食大陆架海域里拥挤的鱼群。而当鱼群开始繁殖，它们的后代也来到海港庇护处时，因为饥饿而贪婪无比的枪乌贼也不断前进，游到更加接近陆地的地方了。

枪乌贼群抵着退潮逼近斯科博和同类栖息的海港。它们将自己的行动掩饰得很好，移动时制造的声音比海水拍打在码头桩上发出的声音还轻。它们轻捷地向前冲，如箭一般追踪着水中闪烁的尾迹。

这些枪乌贼选在清早寒冷的晨光中发起攻击。第一只枪乌贼如活的子弹般迅速地弹到鲭鱼群中间，只见它突然右倾转身，在一条鱼的脑部正后方发起了一次精准无比的攻击。那条小鱼立即身亡，整个过程短暂到它根本就反应不过来，也没有时间对敌人感到恐惧，枪乌贼的那一口在小鱼身上咬出了一个三角形的伤口，深入脊髓。

几乎是在同一时间里，有六只枪乌贼弹入了鲭鱼群中，但由于第一只枪乌贼攻击时引起了动荡，群里的小鱼现在已四处奔散。追逐开始了。枪乌贼首先弹入成群乱转的鲭鱼中，受惊的鱼群吓得猛冲、掉头、扭曲，拼尽一切技巧和努力只为躲避那在水中极速移动、若隐若现、触手外伸、时刻寻找猎物的瓶状的枪乌贼。

在第一轮疯狂的混战之后，斯科博已经冲到了码头的阴影下，沿着海堤直上，躲到扎根在那里的海藻之间。其他的鲭鱼广泛地四散开来，和斯科博一样躲进海藻丛或海港的开阔水域。当枪乌贼意识到鲭鱼群已经四散而去时，它们下沉到海港底部，在这里它们身体的颜色发生了微妙的变化，变得和底部沙粒的颜色一样。不久后，即使视力再好的鱼类也没法察觉到它们的踪影了。

鲭鱼渐渐将之前的恐惧抛到脑后，只身或组成小队游回码头，静待潮汐转变。当鲭鱼逐一经过枪乌贼隐身埋伏的地方时，那片看似由海水的推动堆起的由小沙粒组成的山脊突然从底部卷起，一下子就将小鱼抓住。

枪乌贼利用这种战略持续袭击了鲭鱼群一整个早上，只有那些一直躲藏在石墙上的海藻中的鲭鱼，才躲过了这种随时可能夺其性命的威胁。

随着潮水即将涨满，全速往岸边进发的玉筋鱼搅得海港里的海水一片沸腾。原来，玉筋鱼群正被一小队银无须鳕追杀。银无须鳕是一种身体细长却肌肉发达的鱼，体长约与人的前臂长度相近，腹部闪着银光，牙齿锐利如刺血针。玉筋鱼原本躲在距离海港近海端两英里的一片沙质浅滩中，当它们从海底的沙子里出来猎食潮水从远海带来的桡足类动物时，遇上了银无须鳕的突然袭击。玉筋鱼仓皇而逃，但并没有抵着潮汐向海洋游去——要是在那里，它们还可能通过四处逃散而重获安全。它们选择了顺着潮水游进海港里面，那里的水越来越浅。

当玉筋鱼逃跑时，银无须鳕在这数千条只有手指长的细长小

鱼间来回穿梭，不断地骚扰它们。与此同时，斯科博就停留在水
下一英尺深处抖动着鱼鳍，它突然神经紧绷，感觉到由急于逃命
的玉筋鱼引起的断断续续的震动，还有正在追赶的银无须鳕造成
的更加厚重的水波。它周围顿时填满了匆匆的身影，吓得斯科博
赶紧窜到码头的影子下，躲到其中一个码头桩上的海藻间。斯科
博曾经惧怕玉筋鱼，不过现在因为个头已经长得跟它们一样大而
不再惧怕它们了，但危险的气息充斥着海水，这情形还是吓得它
躲了起来。

　　玉筋鱼不断地往海港里游，身下的海水越来越浅，但由于对
银无须鳕的恐惧超越了一切，它们并没有留意到逐渐变浅的海水
发出的警告，最终造成了成百上千条玉筋鱼搁浅的悲剧。海鸥对
此早有预料，它们从水湾外尾随至此，已经意识到冒泡的海水下
正在发生着什么。当它们看着身下那沙质平地逐渐化作一片银色
时，鸣叫声逐渐变大，音调也提高了，最后更是兴奋地放声大叫
起来。长着黑脑袋的笑鸥和穿着灰披风的银鸥拍着翅膀，骤降到
只有它们肩深的海水里，一边捕捉玉筋鱼，一边发出尖叫恐吓着
那些想来分一杯羹的后来者，尽管这里的食物充裕得足够所有的
鸟饱餐一顿。

虽然玉筋鱼已在倾斜的沙滩上堆起数英寸厚，银无须鳕还在孜孜不倦地继续追逐，一团团地游到了海滩上。然而随着潮水回落，水平面下降，银无须鳕也找不到逃生之路了。当潮水完全退去时，半英里长的沙滩上满是银色的玉筋鱼尸体，也有些体形较大的捕食者散落其中。枪乌贼因被眼前的大屠杀吸引，也跟着来到了浅水区域，其中许多只由于只顾着吃那些不幸的玉筋鱼而忘记了身处何地，最终也搁浅了。如今海鸥和鱼鸦从方圆数英里外的地方齐聚到这里，同螃蟹和沙蚤一起吃起了沙滩上的鱼。那天晚上，海风和潮水协力将沙滩清扫干净了。

第二日清晨，一只羽毛颜色交杂了墨色、白色和红色的小鸟降落在海港水湾处的一块岩石上。它坐在那里，足足花费了四分之一的涨潮时间来打瞌睡和做梦，随后它醒来，叼起一些粘在石头上的黑色小蜗牛来吃。这只小鸟已经非常疲惫了。它来自遥远的地方，沿着海岸往北飞，一路都在与欲将它吹往海洋的西风抗衡。这是一只红色的翻石鹬，是最早开启秋季迁徙的鸟类中的一员。

此时正值七、八月交接之际，温暖的空气乘着西风流入，遇上清凉的海风后，便为海港笼罩了一层浓厚欲滴的白雾。笛声一般的雾号从离海岸一英里远的地方传来，穿透迷雾，回响在所有的沙洲与浅滩处，不分昼夜。生活在海港里的鱼儿，已经有七天不曾感受到渔船引擎通过海水传来的震动了，因为在这种天气下，海洋之上只会出现能够在雾中辨别方向的海鸥，以及被渔船上鱼饵的味道吸引来的栖息于码头的鹭。

紧接着浓雾就飘散了，随之而来的日子则属于蓝色的天空和更蓝的海水。在这些日子里，成群的滨鸟匆忙地飞过海港，行迹仿如秋叶从枝头跌落，它们这如同风中落叶离枝一般的离去也代表了夏日的终结。

但如果秋意提早召唤了海滨和沼泽的生物，那就意味着海港水域里的秋天将会晚一些到达。而当它到达时，是由西南风带来的。八月末将至时，一阵向岸吹的风将雨水从比海港铅灰色的水面更灰暗的天空吹了下来。这场风暴足足持续了两天，成片的暴雨如冲破天空般倾泻而下，无尽的密集雨滴毫无休止地刺穿着海水表面。大雨压倒了潮汐，以至于潮起潮落间都不曾见过海浪升起。涨潮的时候，海水满至海堤的顶部，淹没了许多渔船。这些渔船因此沉到了海底，引来鱼类好奇地用吻部探嗅这些形状古怪的东西。所有的鱼类都隐入较深的海域，而燕鸥全身湿透，只能凄惨地在海港水湾的岩石上聚成一团，因为当雨水击打在灰色的海面上时，它们看不清水中鱼类的踪影。海鸥则没有燕鸥的问题，它们反倒可以尽情饱食，因为高耸的风暴潮为海港带来了许多受伤的海洋生物和残骸，这些都是它们的食物。

风暴的第一天过去了，海港里出现了许多海藻，它们的叶子细长且边缘呈锯齿状，并且还长着成串的、莓果般的气囊。次日，海上又飘满了由墨西哥湾暖流带来的马尾藻。一些颜色鲜艳的小鱼夹杂在海藻的叶子间，它们乘着同一股暖流从遥远的北方到来，开启自己作为幼鱼在热带水域的漫长旅程。它们在旅途中的许多个日夜里都曾躲藏于马尾藻的庇护之下，而在这些海藻被风吹到湛蓝温暖的热带海水外、来到沿岸浅滩的过程中，这些小鱼也一直相随。大部分的小鱼都会留在沿岸的水域里，直到让它们无法适应的寒冷骤然降临，带走它们的生命为止。

风暴过后，涨潮后的海水满载海月水母流入海港。对于这些美丽的白色水母而言，这是一次不归之旅。海洋已经带着它们旅行了一整季了。起初，海水将它们从海岸线附近长着海藻的石头和贝壳上——那里是它们的生命开始的地方——卷起来，开始了旅程，那会儿，它们仅以一种类似浮游生物的形态存在着，需要紧扣着石头才能度过冬天。春天的时候，这些小浮游生物长成了一个个扁平的小盘子，随后又迅速地转变为游来游去的小型钟状生物，然后它们就发展到成年的形态了。当太阳高照、海风休止的时候，它们会停在表层水面，通常它们都聚集在两个水流交汇处，排成数英里长的蜿蜒的队伍。在海上的海鸥、燕鸥和北鲣鸟看来，这些水母就是一片壮观、闪烁的乳白色奇景。

成年一段时间后，水母会孵化自己的卵，并将幼仔安置在自己的伞状体下那如空心袖子般垂下的身体组织的皱褶和空隙之间。也许，是这繁殖行为让它们变得虚弱了，为繁殖准备的膨胀组织和充气卵囊使得它们在夏末时只能无助地在水中翻来覆去，随波逐流。成群的小型甲壳动物会趁机张开饥饿的大嘴袭击它们，使得它们越发虚弱甚至丧生。

现在，西南风暴剧烈地揉捏着海水，也影响到了海月水母。大浪擒住了它们并不断督促它们向海岸游去。在如此的碰撞与翻滚中，许多水母的触手都断了，脆弱的身体组织也被撕裂。每次的涨潮都会为海港带来更多的白色水母，随之又将它们冲到海岸的岩石上。在那儿，当坚持到触手下保护着的幼仔全部成功游到浅滩的水里之后，水母们遍体鳞伤的身体便再也无法撑下去，消

解成了海洋的一部分。就这样，海月水母完成了一个完整的生命
循环。虽然构成成年水母身体的物质会被海洋另作他用，但年幼
的水母会扎根在石头和贝壳上度过冬天，当春天到来时，一群新
的小型钟状生物就会被海水带着漂向远方。

海上航行

现在，昼夜长度已持平，太阳也经过了天秤座；九月的月亮弯如钩，犹如纤细的幽灵。潮水穿过水湾，涌入海港，在岩石上拍打起一片雪白，随后又静止下来沿原路返回海洋，就这样日复一日地不断带走原本留在海港里的小鱼。有一天晚上，潮水让斯科博感到一种奇怪的不安，因此，在那晚潮水退下之时，斯科博就随着潮水一同回到了海洋。和斯科博同行的还有许多在海港里度过了夏天的年轻鲭鱼。这一行鲭鱼总量多达数百条，每条鱼身体线条都清晰明朗，体长都超过人的手掌长度。如今，它们要远离海港安逸的生活，回到远洋里生活，直到死神将它们带走的那天。

鲭鱼群在水湾里疾速前进着。它们随着漩涡漂流，被一阵流经海港口的湍流带走。这里的海水盐分极高、透彻清凉；海水冲刷着岩石和浅滩，在水面激起无数气泡和水花，同时也为海水注满了氧气。鲭鱼就在这海水里万分兴奋地游动着，从吻部到尾鳍的末端都在摆动——它们已经准备就绪，迫不及待地想要开启眼前的新生活了。在水湾那边，鲭鱼群经过了潮水中海鲈鱼的深色身影排成的长队。这些海鲈鱼在等待机会来捕食小型甲壳动物和沙虫，有时潮水会将这些小生物从石头上扯下来，或是将它们从水道底部的洞里冲出来。鲭鱼群快速地摆动着银色的身体，躲过下方这些黑影，直指潮水。

海港之外，潮水的涌动更加沉稳，带着鲭鱼群进入了深水区域。随潮而至的海水来自远方开阔的深海盆地，翻越了途中逐渐变浅的陡峭岩架。鲭鱼从沙质浅滩或者长满水草的暗礁上方游过时，会不时感受到下方水流的拉力。海水流经沙子、贝壳和岩石时产生的低语，随着鲭鱼一寸寸地向前游进而变得越发遥远。对于这些匆忙赶路的小鱼而言，能够察觉的韵律和音波振动基本上全部来自水流。

年轻的鲭鱼群集体前进时整齐得就像一条鱼。它们并没有领袖，但每个个体却都有一份强烈的存在感，对其余所有成员的行动也是相当敏感。当处于队伍边缘的成员要向左或右转弯，或是要加快或减慢速度的时候，鱼群里的所有成员都会做出相同的调整。

不时地，鲭鱼群会被偶遇的渔船影子吓到而突然转弯，也不止一次地由于误入逆着潮水布置的渔网而惊慌地在网眼间弹来弹去。所幸它们的体积还太小，不会被网线缠上。深色的影子不时会从黑漆漆的水里冒到它们面前。有一次，一只大枪乌贼突然出现，不由分说地追逐起它们来。鱼群和枪乌贼在惊恐的鲱鱼群间来回穿梭，这些鲱鱼只有两岁，是枪乌贼捕食的对象。

当鲭鱼游到离海港近海处约三英里的一个小岛附近时，它们再次感觉到身下的海水在逐渐变浅。这个小岛属于海鸟。燕鸥会在相应的季节在沙地上筑巢，银鸥则会带上幼鸟去海滨的李树和杨梅树丛下，或是去平坦的岩石上俯瞰海洋。一片长长的水下暗礁，一直从岛屿延伸到海里，渔民称其为"涟漪礁"。海水击打在暗礁之上，形成白色的浪花和漂着泡沫的漩涡。当鲭鱼经过时，旁边有许多青鳕在潮水最高处跳跃嬉戏，它们的身体发出微弱的白光，海浪在新月的微光下泛着泡沫。

鲭鱼群游到离海岛和暗礁一英里远的时候，被一群突然出现在它们中间的海豚吓得惊慌失措。海豚一行有六只左右，浮上水面来是为了换气。它们原来在海底的一个沙质浅滩里觅食，那里的玉筋鱼将自己埋在沙子里，但还是几乎被海豚吃光了。海豚来到成群的鲭鱼间，用其细长的、看似在龇牙笑的下颚猛地咬在小鱼身上，捕杀了一些鲭鱼。但是，当鱼群在惊恐中迅速逃离这片海域时，海豚群并没有跟上，因为那顿玉筋鱼大餐已使它们相当满足，现在它们已经懒得动了。

乘着破晓的晨光，年轻的鲭鱼在进入海洋之后已经游了数英里，而现在，它们第一次在海洋里遇到了年长的同类。一群成年鲭鱼正贴着水面快速移动，在水面上泛起汹涌的波浪。它们用吻部刺破水面，以被海水模糊了的视线渴望地注视着那个属于空气和天空的世界。两个鱼群——年长的鲭鱼和年轻的鲭鱼——在前进方向的交点处融合在一起，双方都颇感混乱和困惑，但随后便分开，继续朝各自的方向前进了。

　　海鸥早前从位于沿海岛屿的栖息地出发，如今在海洋上空盘旋。它们锐利的眼睛将表层水域中的一切看得一清二楚，在太阳升起后甚至可以看清更深层海域的动静，因为那时泛在水面上的水平微光开始消退。海鸥看到了成群的年轻鲭鱼畅游于水面下一英尺的地方，而在东边约六个海脊宽之外的地方，海鸥还看到了一对深色的鱼鳍，它们如镰刀刀刃般划破水面。海鸥向上飞行，看清那对鱼鳍属于一条在表层水域中游着的大鱼，露出水面的只是它长长的背鳍和尾鳍的上半截。这是一条剑鱼，从"剑尖"[1]到尾部共长十一英尺，它常常贴着水面闲适地游动，也许也是为了用背鳍探测海面海浪的冲力以便导航。它顺着风向前行，只要一直游下去，它必然会遇上成群的浮游生物，而浮游生物又会吸引肉食性的鱼类，这些鱼会在表层水域漂浮。

　　正在观察着剑鱼和成群鲭鱼的海鸥，此时看到在东南方向有一大片骚乱的群体正在逐渐靠近。

　　一阵往岸边吹去的海风强化了本就十分强劲的海潮，推动着一个规模庞大的大眼虾群。但这些虾既没有在捕猎小型浮游生物——不同于海鸥时而看到的景象，也没有悠然地在海面漂浮。

---

1. 即头部。

事实上，它们在试图逃离一些动物的追捕，这是一群张着大嘴的恐怖家伙。它们是鲱鱼，动作迅速、干净利落地捕杀着大眼虾。大眼虾也拼尽全力，以发疯一般的速度前行，调动了它们那专为游泳而进化得扁平如桨的细足的全部力量。当一条鲱鱼和一只大眼虾之间的距离稳步缩小的时候，大眼虾那透明的身躯中迸发出全部的力量，在鲱鱼的大嘴在它身后张开之际将自己高高地甩出海水。但鲱鱼不愿放弃，久久地尾随着。虽然一只虾大约可以跳出水面六次，可一旦被鲱鱼盯上，则几乎不可能成功逃脱。

那群乘着海风和洋流的虾群和追随其后的鱼群在被推往岸边的过程中，迎面遇到了从东北方向游来的鲭鱼群和从西北方向漂来的剑鱼。当涌动的虾群来到年轻的鲭鱼面前时，鲭鱼立即开始了对它们的疯狂捕食。对于年轻的鲭鱼来说，大眼虾比以往在海港里遇到的绝大部分食物都大。瞬时间，大眼虾群突然意识到自己处在了一群鲭鱼之间，而这些体形较大的鱼动作十分迅速，吓得它们赶忙逃往更深的海域里。

海鸥看到了那两支黑色的鱼鳍沉入了水里，目睹了剑鱼的身体轮廓随着往深处下沉而变得模糊，它知道剑鱼已经潜到了鲭鱼的下方。接下来即将发生的事情，海鸥只能看到一部分，因为海水在微微翻腾，水雾四起，或多或少影响了视线。出于捕猎意识，它们下降了一段距离，急促地拍打着翅膀以保持位置的稳定。它们看到了一个巨大的黑影在旋转，在疾冲，在猛扑，在密度极大的鲭鱼群中疯狂地攻击。当那因翻腾起泡而呈白色的海水重归平静的时候，二十多条鲭鱼浮上了水面，它们的背部都受伤了；还有许多鲭鱼在虚弱地游动着，或是头晕目眩地倾斜着身体；虽然剑鱼似乎击偏了，但这些鲭鱼还是受伤了。

那条剑鱼饱餐一顿后，便漂回到海面上。那儿的海水被太阳照得温暖，剑鱼也渐生睡意。鲱鱼群沉至更深的水域，而海鸥则继续往远洋飞翔，等待并寻找可能从水下浮现的猎物。

水下五英寻处，成群的年轻鲭鱼遇上了一团数量庞大的深红色的桡足类动物群。那是哲水蚤，正随着洋流漂游。鲭鱼群开始捕食这些红色的软体动物，这可是它们最喜欢的食物。当强劲的洋流逐渐减弱，直至消退至无法再承载浮游生物时，这种红色的小生物便沉入更深的海域，鲭鱼群也会尾随而至。在大约一百英尺深处，便是填满碎石的海底，在这里，鲭鱼群遇到了一座海底山丘的平坦山顶或是小高原。这座山丘的斜坡向南方倾斜，并在西边与另一座小山相接，共同形成一个半圆形的山脊，中间夹着深邃的冲沟。渔民根据其外形，将它命名为"马蹄铁"（Horseshoe）。渔民会在"马蹄铁"上布置曳钓绳以捕捉黑线鳕、鳕鱼和单鳍鳕，有时还会在曳钓绳上挂上锥形网和网板拖网。

当鲭鱼沿着浅滩前进时，它们发现身下的海底开始缓缓向下倾斜，而在离浅滩最高处足有五十英尺的地方，它们到达了位于"马蹄铁"中间的冲沟边缘。鲭鱼身下三百英尺处，是冲沟铺满柔软、黏稠的泥巴的底部，这里不像海丘平顶那样布满细石和贝壳碎片。许多叫作无须鳕的鱼就生活于冲沟之中。它们在黑暗中捕食，贴着底部移动，通过用极其敏感的长鱼鳍搅动泥巴来寻找猎物。出于对深水发自本能的恐惧，鲭鱼群转身沿着浅滩的斜坡向上游去。它们一路都小心地贴着底部前进，因为对于这群生活在水面的年轻鱼类来说，这里实在是一个陌生的地方。

当鲭鱼游经浅滩的时候，身下的沙地中有许多双向上看的眼睛正注视着从自己头顶上经过的一切东西。这些眼睛属于比目鱼，它们在自己身上铺了一层薄薄的沙粒。比目鱼的身体扁平，偏灰色，因此可以在沙粒中很好地隐藏起来，以免被那些本可把它们吃掉的大型肉食鱼类发现，也有利于捕食那些在海底来去匆匆的虾蟹。比目鱼的大嘴里长着尖锐的牙齿，嘴完全张开时宽度可达双眼外侧之间的宽度，这些身体特征帮助它们捕到鱼类。但鲭鱼实在太活跃，而且动作太敏捷，以至于沙粒下的这些比目鱼都不愿花时间和精力褪去伪装来追捕它们。

当年轻的鲭鱼游过浅滩的时候，经常会有一种体形魁梧、长着又高又尖的背鳍的鱼从水里悄然出现，进入鲭鱼的警惕范围内，那是黑线鳕掠过的身影，它们不一会儿又会退隐于黑暗之中。在"马蹄铁"的黑线鳕数量相当可观，因为那儿有许多可供它们捕食的贝壳类动物、皮肤上长满刺的生物和生活在管子上的蠕虫。在海底的时候，鲭鱼已经多次遇上成群的黑线鳕，每一群有十二条或是更多，它们如猪一般贪婪地用吻部拱着海底的沙子找寻食物。这些黑线鳕正在尝试挖出那些钻入地下的蠕虫，这些蠕虫在柔软的沙地里钻出深深的隧道。里线鳕忙着用吻部拱沙子的时候，它们肩上那黑色的斑点——又称为"恶魔之印"——以及黑色的侧线在黑暗的环境中格外显眼。黑线鳕依旧在挖掘，毫不理会惶恐地摆动着尾巴逃窜而过的年轻鲭鱼，在海底生物充裕的时候，它们甚少会吃鱼类。

有一次，一只身长九英尺的蝙蝠状的生物从沙地里升起，拍动着它那薄薄的身体贴着海底游过。这是虹，它的外貌如此凶恶，吓得那群年轻的鲭鱼赶紧向上方游了好几英寻，直到身下的海水如屏障一般将魟的身影挡在了视线之外。

在一个陡峭的岩架前，它们看到一种不太熟悉的东西在水中悬荡。潮水在浅滩里强势前行，那东西则随着潮水的节奏摇晃。虽然它在水中散发的味道与鱼类一样，却并不能够自主地动起来。斯科博游到这块固定在巨大的钢钩上的鲱鱼肉旁，用鼻子探闻着。当它这样做的时候，几条原本正在小口啃食鱼饵的小杜父鱼被吓得赶紧游开，对于这些小杜父鱼来说，这个诱饵太大了，根本吃不下去。钢钩上有一条深色的线连着另一条更长的线，后者在浅滩上方的水域里水平延伸了一英里远。当斯科博和同伴们在海底高原上徘徊时，它们看见了许多由短线连在主曳钓绳上的挂着鱼饵的鱼钩。有一些大鱼，如黑线鳕，被钩在了鱼钩上，只能以自己吞下的鱼钩为轴心缓慢地扭动和旋转着。上钩的鱼中有一条是体形颇大的单鳍鳕，它体形魁梧，约为三英尺长。这条单鳍鳕原本生活于浅滩，是同类中的独行侠，大多数时间都躲藏于外缘的倾斜岩石上的海藻之间。它被鲱鱼饵的味道吸引了，离开藏身之所并咬上了鱼钩。在挣扎的过程中，这条单鳍鳕绕着鱼线将那强壮的身体转了好几圈。

正当小鲭鱼逃离那奇怪的景象的时候，水里的单鳍鳕被缓慢地拉向上方一个模糊的影子，那影子看起来好似水面上的一条大鱼。渔民正在布置拖网，他们划着船从一个下网点移到另一个下网点。如果有鱼上钩了，他们会用短棒把鱼从钩子上打下来，如果抓到可以卖的鱼，就将它抛到船尾的底部，其他的鱼则会被抛回到海里。现在离上次潮水转向之时已经过了一个小时，而渔网虽然只在水中停留了两个小时，渔民也不得不把它们收起来。因为潮水起伏时，"马蹄铁"的水流相当强，如果想要布置和操作曳钓绳，就只能选在潮水缓慢的时候进行。

鲭鱼群现在已经来到了"马蹄铁"浅滩向海方向的边缘地带，这里的岩墙陡如峭壁，近乎垂直地落入约五百英尺深的海底。所有这些浅滩的外缘部分都是坚硬的岩石，因此可以承受来自外海的海水造成的压力。斯科博跨过浅滩和海水的边界，在深蓝色的海水上方，悬崖顶部下方约为二十英尺的位置，找到了一条细长的暗礁。革质的棕色昆布生长于暗礁的裂缝和不同岩层上。昆布那如丝带一般的叶子随着从岩墙反弹过来的更剧烈的水流摇曳，伸展至二十英尺外或更远。斯科博以吻部探索着平滑的海藻叶，意外惊动了一只原本在岩架上休息的龙虾。途经的鱼类都没看到龙虾，因为它被海藻藏了起来。这只龙虾的腹部带着数千颗卵，卵依附在游泳足的长毛中。这些卵要到下一个春天才能够孵化，在等待的过程中，龙虾一直处于危险中，既要担心被那些饥饿又好奇的鳗鱼和青鲈发现，又要留意保护住卵，以防它们被掠夺。

斯科博沿着暗礁移动，遇到了一条六英尺长的石斑鱼，它足足有两百磅重，可谓是同类中的大怪兽。这条石斑鱼主要生活在岩藻之间，其寿命之长与体形之大全源于它的狡猾。它在很多年前就在海底深坑里发现了这个暗礁，并用直觉判断出这是一个捕食佳地，于是便将它据为己有，凶恶地驱赶其他鱼。在大多数时间里，石斑鱼都在暗礁上静静待着，这里在正午过后会笼罩上深紫色的阴影。这个秘密基地为它袭击沿着石墙游动的鱼类提供了相当大的便利。许多鱼都命丧其口，包括青鲈、大西洋杜父鱼、长着不规则鱼鳍的绒杜父鱼、比目鱼、鲂鮄、鳚鱼和鳐。

年轻鲭鱼的出现将处于半沉睡状态的石斑鱼唤醒了。自上次进食后石斑鱼就一直静静地停留在这里，饥饿感不断酝酿起来了。它甩着自己那沉重的身体游出暗礁，垂直地游升到浅滩处。斯科博游在它的前面。这条年轻的鲭鱼的同伴一直停留在悬崖旁的上升水流里，斯科博重归团队时，整个鱼群都处于应激状态。

石斑鱼那黑色的身影从石墙边缘出现的时候，鲭鱼群则沿着浅滩逃离了。

这条石斑鱼的踪迹遍布"马蹄铁"浅滩。所有生活在海底或是曾在海底出没的小生物它都吃——无论是否有壳。它会吓唬在沙地上栖息的比目鱼，使它们在自己面前窜来窜去；它会在水中摇摆着身体，疾速追捕小黑线鳕；它还会追捕那些刚刚结束水面生活、落入水底准备正式开启新生活的年轻同类。它吞下了一打大海蛤，等到海蛤的肉被消化后，它会将海蛤的壳吐出，不过它倒是经常要将壳存在胃中几天，壳最多时会有一打，整整齐齐地排在胃里。当它没法找到更多海蛤的时候，它会移至一片平坦的暗礁，暗礁上面铺了厚厚一层富有弹性的角叉菜。它会在角叉菜丛中寻找深藏在弯曲的叶子间的小螃蟹。

在"马蹄铁"对面，一英里之外的鲭鱼察觉到水里出现一阵奇怪的动荡。这种感觉和它们生命早期在海港里感受到的震荡完全不一样。在生命早期，它们和其他浮游生物一同在海面上漂浮，如今那感受也只是朦胧地留在记忆深处。一阵重重的振动沿着它们敏感的胁腹侧线传来。这种振动和海水经过岩礁时产生的感觉不同，也与潮水卷浪的感觉不同——尽管这或许已经是年轻鲭鱼经历过的和眼下这种振动最接近的感觉了。

振动在逐渐增强，这时，一群小鳕鱼匆忙地经过，稳稳地游向浅滩近海的边缘。其他鱼类都也开始在水中穿行，先是一条接着一条地，然后是成群地、成队地——包括那巨大的蝙蝠状的魟、黑线鳕、鳕鱼、比目鱼和一条大比目鱼。它们都在匆忙地游向悬崖边缘来躲避那振动。而那振动却不断增强，像要将海水填满才肯罢休。

有种深色的大型不明物体在水中隐隐若现，像一条无比巨大的恐怖鱼类，它的整个前端都被一个张开的大嘴占据着。成群的鲭鱼原本在看到锥形网时还是满是疑惑与不确定，但此刻在奇怪的振动和匆忙的鱼类带来的压力下，它们突然变得同心协力，整齐划一地行动，回旋而上，穿行于水中。只见海水愈发清澈明亮，它抛弃身后浅滩那阴暗、诡异的世界，重新回到属于它们的海面水域中。

而原本就生活在浅滩中的鱼类则不具备这种引领它们逃至充满阳光的水域的直觉。渔民已经用拖网横扫了"马蹄铁"，并且已经收网，收回的网兜里装了数千磅食用鱼，还有数量相当客观的筐蛇尾、对虾、蟹、蛤、鸟蛤、海参以及白管虫。

　　那条生活在峭壁附近暗礁处的石斑鱼，正好游到拖网的前面。这已经不是这条巨型石斑鱼遇到的第一个拖网了，也不是第一百个。那道用于扩开渔网口的坚实铁门就在它的身后关上了，紧紧地拉着在水中倾斜延伸的长线，而长线则一直向上拉扯着，另一头连接着领先于渔网数千英尺的蒸汽渔船。

　　石斑鱼现在正缓慢而轻松地沿着海底游着，它看到眼前的海水正在改变。海水的颜色逐渐加深成极深的海底的海水颜色。石斑鱼居住的暗礁位于海洋那深深的裂口上，它通常一回到那个区域就能轻易地辨认出自己的居所。虽然网板拖网的门把它的尾鳍刮伤了，但它还是调动起沉睡于体内的巨大力量来瞬时加速，在蓝色的空间里穿射而过，精确无误地落在二十英尺之下的暗礁上。

　　石斑鱼刚刚穿过摇曳的褐色藻叶，腹部开始感觉到暗礁上平滑的石面后，拖网就被定在峭壁的边缘上，开始被一层一层地抖落入下方的深海中。

海上的小阳春

　　秋天海洋的精髓在于三趾鸥（又名"霜鸥"）的叫声。三趾鸥自十月中旬便开始成群到达海洋，几千只一起在海面上盘旋，弓着翅膀降落，捕捉那些在透亮的绿色海水里弹游的小鱼。这些三趾鸥群从位于北极海岸的悬崖峭壁和格陵兰大浮冰上的栖息地出发，往南飞行。与其相伴的，是冬日里掠过灰色海面的第一<u>丝</u>寒意。

　　除了三趾鸥的叫声，秋天的到来还伴随着其他征兆。海鸟队伍的规模改变了，在九月的时候，海鸟每天只会在格陵兰（丹）、拉布拉多、基韦廷和巴芬兰的近海上形成稀薄的队伍，散落于空中；而如今，穿行的队伍已因鸟类归返海洋之心切而变得庞大。北鲣鸟、暴风鹱、猎鸥、贼鸥、侏海雀和瓣蹼鹬都在其中，它们的队伍遍布在大陆架的水面上空，而水面下，则有成群鱼类在四处游动，还有浮游生物群在进食。

捕鱼者北鲣鸟在仔细观察海洋以寻找猎物的时候，以自己的身体为天空铺上了白色的十字形图案。如果发现了合适的猎物，它们会从一百英尺高的空中猛地插入水中，其沉重的身体穿破海水时造成的冲击力虽大，却会被皮肤底下的气囊缓解。暴风鹱则会捕猎成群的小型鱼类、枪乌贼、软体动物、从渔船上掉落的动物内脏或是任何其他可从水面上获取的食物，因为它们不像北鲣鸟一样会潜水。体形娇小的侏海雀和瓣蹼鹬会吃浮游生物。猎鸥和贼鸥家族主要依靠偷取或掠夺其他鸟类的食物为生，甚少自己捕食。

这些迁移的鸟类中的几乎所有成员都要等到春天才会再次看到陆地。如今，它们再一次归于冬天的海洋，分享它的白日和黑夜，它的狂风暴雨和风平浪静，它的冻雨和冰雪，阳光和白雾。

在那些九月末离开海湾的周岁鲭鱼组成的鱼群初到海洋的时

候，它们不禁感到胆怯。不同于之前生活的海湾里熟悉的景象，如今的大海广阔得让它们迷失。在小海湾里受保护的三个月里，它们已经将自己的行动与潮汐运动节奏调整到一致：在潮涨之时就捕猎进食，潮水退下则开始休息。但鲭鱼群如今来到了远洋，表层水域的潮汐运动范围广阔，已不限于沿岸，此处的韵律完全受控于太阳和月亮的引力。对于年轻的鲭鱼来说潮汐运动简直难以辨析。因为在它们看来，潮水已经被更加巨大的海浪吞没了。它们在海洋中漫游，对于水流的运动方向和海水多变的咸度都还不熟悉，一直在寻找着类似海湾的避难所，也曾经躲避于渔船码头投下的影子中，还试过藏匿于茂密的岩藻丛中，但都是徒劳。它们永远都只能继续朝着那一片绿色的空间前进。

斯科博和其他不到一岁的鲭鱼自离开海湾之后飞速成长，这还得感谢海洋中丰富的食物。如今，踏入了生命中的第六个月，这些鲭鱼已经长到八至十英寸长了——这种尺寸的鱼被渔民们称为"图钉"。在这些周岁鲭鱼进入海洋的第一周里，它们持续稳定地向东北边移动。在这片较冷的海水里，鲭鱼最喜爱的食物——红色桡足类动物，以自己小小的身体将数英里宽的海洋染成深红色。当太阳昭示着十月的到来时，鲭鱼游到离海岸更远的地方，它们也更经常地发现自己融入了那些由近十几年内出生的成年鲭鱼组成的鱼群里。秋日对于鲭鱼而言，意味着大迁徙。夏日迁徙的潮流将许多鱼类带到了北方的圣劳伦斯湾和新斯科舍半岛海岸，而如今这迁徙的高峰已过，潮涨也化作潮退，鱼类再次开启了往南的迁徙。

　　夏日在水中留下的余温逐渐流走了。而幼蟹、贻贝、藤壶、蠕虫、筐蛇尾以及大量不同种类的甲壳动物也从浮游生物群中消失了，因为在海洋里，只有春天和夏天才是属于新生命与幼仔的季节。在这秋日的小阳春里，只有那些结构最简单的生物才能获得一次短暂却蓬勃的重生机会，因此得以成百万倍地繁殖增长，包括单细胞生物，又称原生生物。它们小得就跟针孔一样，但却是海洋里的一种主要光源。有一种带角的角藻，实际上是一团长着三个怪诞尖齿的原生质。在十月的海洋上，它们乘着海风排列紧密却懒散地漂荡着，将银色的光点洒满夜晚广袤的海面。夜光虫这些小小的球体，每只体内都闪耀着亚微观级的光粒子，只有人的眼睛才能看到。秋日是这些生物数量极其庞大的时期，因此，每条游到了原生生物最密集处的鱼都仿如浸于光之中；每个于暗礁或浅滩处击碎的浪花也犹如溢出的液体火焰；而每次渔民的船桨划入水里时都会化作黑暗中燃起的火炬。

就在这样一个夏日的晚上，鲭鱼群遇上了一个浮游于海里的被抛弃的刺网。这个刺网由浮板支撑漂浮于水面，并从浮子纲的位置垂直向下，就像一个巨大的网球网。它的网孔足以让周岁的鲭鱼穿过，但体形大一点的鱼就会被挂住。不过，今晚不会有鱼尝试穿过这个渔网，因为它的所有网孔都已经挂满了小小的警告灯。在漆黑的海洋里，发亮的原生生物、水蚤以及端足目动物都依附在湿透的股绳上，而海洋的律动唤起了它们体内那无数的点点亮光。这一幕看起来仿似海里那无数较小的生物——包括微如沙粒的植物以及比一颗沙粒更微小的动物——它们终其一生漂浮在无尽的流动的海洋里，如今它们紧紧地抓住刺网孔，有用原生质组成的毛发的、有用纤毛的、有用触手的，还有用爪子的，仿佛找到了这个艰难世界里唯一能够确定的实在一般，无比坚定。于是，这个刺网亮得仿如自己有生命一样，它的光亮发散到漆黑的海洋中，射入下方那无尽的漆黑里。这一阵亮光将许多小生物从深海里吸引上来，聚集于刺网孔上。它们在刺网孔上休息，在这无尽的海洋里度过漆黑的夜晚。

鲭鱼群好奇地探索着渔网，每当它们不小心碰到股绳时，所有的浮游生物小灯都会变得更加明亮。它们沿着渔网纵向游了超过一英里，因为这个渔网是分节布置，一个连着一个。另外一些鱼类会碰到渔网，其中有些鱼会将附在上面的小海洋生物带下来，不过没有鱼被渔网挂住。

在月色明亮的夜里，月光会使浮游生物发出的亮光显得相对暗淡，因此许多鱼类会因为看不见警告灯而被挂在渔网上。这也是为什么织网的人只会在月色明亮的夜里用刺网捕鱼。这个网是在两周前布下的，那时候满月刚刚开始亏蚀。连续好几天，两个渔民都开着带汽油发动机的汽艇来料理渔网。但随后有一晚，海面上波涛汹涌，风雨呼号，自那晚起，就再也不见汽艇回来了，它已经在风暴中遇难，并被冲刷到约一英里外的浅滩上。而水流还将其中一根残存的桅杆冲了回来，卡在了渔网上。

被留下的刺网继续一夜接一夜地自行捕鱼，在月色明媚的夜里有许多鱼会被网住。角鲨发现了这些鱼，并在试图游进网里取食被捕鱼类的时候将网扯出了许多大洞。但只要月色减退，浮游生物小灯就会显得更加明亮，就没有鱼会落网。

一天清晨，鲭鱼群在往东前游。斯科博在自己的上方发现了一条细长的影子，那是由水流冲来的一根原木投下的。它看到了在影子边缘处活动的几条小鱼的银色鱼鳞反射出的亮光，于是游过去调查。这根原木本是一艘运输木材的货船上的货物。这艘货船从新斯科舍半岛出发，向南航行，但在科德角沿岸遇上了一场东北向的风暴，船上船员全部遇难，而船只则被冲到了一个浅滩上，大部分货物也在被风驱动的海浪中冲到了岸上。还有一部分的货物，随着风暴减弱，落入那顺时针旋转的洋流中，顺着离岸方向漂到了渔场。这批漂浮的木头是海洋能够提供的唯一遮蔽物，于是斯科博加入了影子下的小鱼的队伍，暂时忽略了鲭鱼群的洄游运动。此时的它倒是呼应了生命初期的状态，在那时候，海湾里的渔船码头和停泊的渔船投下的影子就象征着安全，躲在那儿就可以免受海鸥、枪乌贼以及其他四处捕食的大型鱼类的突击。

在斯科博加入后不久，几只在迁徙路上的燕鸥也降落在了浮木上。在降落的时候，由于木头表面因长有海藻而变得湿滑，它们急促地拍了一下翅膀，纤长脚趾的动作亦稍显混乱。这次是燕鸥自昨日离开那遥远的北方海滩后的第一次停歇。虽然它们是在海里捕食，但却不是真正地属于海洋，因此并不敢降落在水上。于燕鸥而言，海水是一种古怪的物质，它们虽在潜入水中捕食时不得不逼自己与那海水进行短暂却恐怖的接触，但它们从不愿意将自己那脆弱的身体栖息于海洋之中。

流动的浪山从浮木前端潜入，温柔地将浮木托向天空，轻快地沿着它流淌，推着浮木滑入海浪的空隙。随着浮木在海洋上摇晃翻滚，七条小鱼紧紧跟在下方，而燕鸥则如海员驾驶木筏一般站在上面。这是燕鸥在海洋中央放松休息的方式，它们满足于让浮木将它们带到任何地方，同时还会用嘴梳理自己的羽毛，将翅膀在头顶上伸展开，拉伸一下疲惫的肌肉，它们中有一部分很明显已经睡着了。

一小群海燕（又叫"凯莉母亲的小鸡"）在浮木附近的水域飞落，嗒嗒地拍着翅膀，优雅地与水面保持着短短的距离。它们的声音轻如缕烟，反复地细声叫着自己的名字："噼车咦，噼车咦"[1]。此次海燕降落原是为了看清聚集在此的一群稠密的体形极小的甲壳动物，它们在吃一条漂浮的枪乌贼尸体。海燕刚刚集合完毕，一只大剪水鹱就已经从半英里外的天空中飞下来了，它原是在天空巡逻，现在厉声降落在小海燕之间。那兴奋的叫声吸引了一大群剪水鹱赶来现场，而在半刻钟前，海洋和天空中找不到

---

1. 此处原文为 pitterel，读音与海燕的英文名 petrel 相近。——译者注。

一只鸟的影踪。这群剪水鹱猛地往海面飞去，拍着翅膀，胸打在水上，贪婪地寻找着那吸引着一大群甲壳动物的食物，打散了海鸟的队伍。第一只来到的剪水鹱已经叼起了枪乌贼，并尖声叫喊以示反对同伴的挑战。虽然那枪乌贼的体积太大，无法一口吞下，但剪水鹱仍是挣扎着将其吞食，丝毫不敢放松，因为它面对着如狼似虎的同伴。

突然间，一阵刺耳的叫声随风而至，一只深褐色的鸟从剪水鹱群上空掠过。猎鸥疾速地超过叼着枪乌贼的剪水鹱，绕圈返回，降落在那只剪水鹱上。剪水鹱拼命地飞行，并在空中和水上剧烈地扭动自己的翅膀，尝试将猎鸥甩开并吞下枪乌贼。忽然，一大块枪乌贼肉从剪水鹱的口中掉了出来，猎鸥在那块肉碰到水面之前接住了它。在吃完战利品后，猎鸥就跨越水域，远远地飞开了，留下所有剪水鹱生气又沮丧地四处乱转。

在下午晚一些的时候，一片厚厚的雾气如一张毯子般在靠近海面的地方张开，离水面的距离与剪水鹱飞行的常规高度相近。表面的海水从金绿色逐渐淡化至一种不带一丝温暖或色彩的灰暗。太阳的离场一如既往地引来了深水区域的小动物，而随着这些海洋小生物游上水面，枪乌贼和其他捕食它们的鱼类也随之而来。

　　浓雾的到来预示着在接下来的一周里，天气会很恶劣。在这段时间里，鲭鱼将回到离水面较远的水下生活，躲开大浪。虽然已比平时游得深了，鲭鱼所处的地方仍属于海洋的上部，并没有越过任何一个大陆架外侧的深邃盆地。在一周接近末尾之时，它们来到了靠近盆地外边缘的地方。那儿有一连串海底山脉，就处于沿岸水域与深不见底的大西洋之间。

　　秋日的风暴已停息，太阳再次出现了，而鲭鱼也离开深邃的阴暗，再度回到水面进食。为此，它们经过了水下山脉中一个比较高的隆起处。海水曾以波涛与浪卷掠过这隆起，虽然这并未打散鲭鱼队伍，但这强烈的水流运动却让它们感到很不舒服，于是它们便转向下面寻找更深更静的海水。

　　成群的周岁鲭鱼随着一个阴暗的悬崖前进，那儿有个很久以前形成的很深的峡谷。在海底峡谷的两堵墙之间，一大股绿色的海水倾泻而入。阳光从清澈的海水传输而入，将正西边的崖墙留在一片深深的蓝色阴影中。阳光漫射在各处，照亮了散落在岩脊上的成群的鲜绿色海藻，也在参差不齐的岩石尖角下方的一片混沌里投下一道色彩。

康吉鳗生活在悬崖的一个岩脊上。这个岩脊与岩石上一道深深的裂缝相连，康吉鳗被敌人逼得太紧时就会躲到里面去：有时候是漫游于深谷中的大青鲨突然转向岩脊突击身材厚实的康吉鳗；有时候可能是沿着石墙游的海豚，逐个岩脊扫荡捕猎，游到悬崖缝隙里探寻猎物。但这些敌人都未曾成功捕捉到康吉鳗。

在一小群鲭鱼群往岩脊靠近的时候，康吉鳗透过小小的眼睛察觉到了它们身体反射出来的亮光。它赶忙用自己肌肉发达的尾部贴紧裂缝内壁，并将自己厚实的身体收回来。当鲭鱼群来到与裂缝并排的地方时，斯科博突然转向，游到悬崖墙壁。原来那里有一小群端足目动物在围着一丁点儿食物徘徊，斯科博忍不住要前往一探究竟。突然之间，康吉鳗松开紧贴着岩石的身体，使其重新变得轻盈柔软，并疾速弹到开放水域中。鲭鱼群被这突如其来的身影吓得进入警惕状态，赶紧加速离开，但斯科博却在全心关注那些端足目动物，直到快要大难临头了才察觉到康吉鳗的存在。

沿着悬崖而下的是两条匆忙的鱼——鲭鱼身体呈细长锥形，在阳光下闪耀着彩虹的颜色；康吉鳗身长及人高，厚度和颜色都跟褐色的消防水带一般。沿着悬崖一路游来，所有小动物在自己的敌人康吉鳗经过时都赶忙躲回到海藻丛中或岩石上的小洞里。斯科博引导着这场追逐的路线，沿着墙壁上下奔游，在突出的石头缝隙间穿梭。最后，它停在了一个长满海藻的岩脊上。它惊动了两条锯隆头鱼，它们原本在岩脊旁一处阳光照得到的地方抖动着鱼鳍，如今被吓得赶紧逃到海藻里躲了起来。

斯科博静止下来，一动也不动，它的鳃盖在快速地运动。随后沿着石壁流动的水流传来了康吉鳗的气味，那时它已经开始沿着悬崖察看任何可以隐藏庇护小鱼的裂缝。敌人的气息迫使斯科博再次游回到开放水域，并且往水面上游。康吉鳗察觉到了它移动时留下的水痕，便转身加速追赶，即便如此，它已经落后斯科博二十多英尺了。通常来说，康吉鳗会尽量回避开放水域，它们更喜欢岩脊和阴暗的海底。它犹豫了一会儿并开始减速。此刻，它那深陷的小眼睛看到了一大群灰色的鱼向自己游来。出于本能，康吉鳗赶紧转身到自己的石缝里寻求庇护，虽然现在它离那儿非常远。一群角鲨压在了康吉鳗身上，这些永远都感到饥饿的嗜血小鲨鱼围攻起了康吉鳗，并在眨眼间将其厚实的身体撕成上百片。

成群的角鲨在这些水域蜂拥了两天，猎捕鲭鱼、鲱鱼、青鳕、油鲱、鳕鱼、黑线鳕，以及遇到的所有鱼类。第二天的时候，斯科博所属的鱼群已被骚扰得忍无可忍，开始往西南方远行，游到了许多海底山丘和峡谷的上方，将那些掩藏着鲨鱼的水域抛得远远的。

当天晚上，鲭鱼游过了充满游动的小亮点的水域。这些亮光来自一些身体长约一英寸的虾，它们的身上长着发亮的斑点，眼睛下方长着一对发光器，同时在节节相连的腹部或尾巴上也会有两排发光器。它们游泳的时候会伸展尾巴，由此可将亮光传到水里，照亮自己的上下方，以便借助亮光更清晰地寻找小桡足类动物、裂足虾、游动的蜗牛[1]、单细胞生物以及它们捕食的动物。大多数的虾都会用钳状的步足，或更主要依靠长着短硬毛的附肢来抓住乱蓬蓬的猎物。它们利用尾巴运动来制造水流，将这些食物送到自己跟前。鲭鱼尾随这些跃动的"小灯"，捕食起来更是轻松，它们尽情享用猎物。

黎明时，海洋里的"小灯"在第一缕阳光削弱海洋的阴暗时便消失了。鲭鱼群向着日出方向往上游时，突然发现自己来到了

---

1. 这里所指的应该是一种外貌与蜗牛相似的软体动物——翼足目，又名带翅蜗牛。下文会提及。——译者注。

填满了翼足目的水域，这种生物又称有壳翼足动物[1]。只要清晨的阳光仍然与水面平行，这些成群的翼足目就会以一种蓝色云状物的状态来模糊鲭鱼的视线；但太阳升起一个小时后，阳光开始斜射入海水，水里就会充满耀眼的亮点和闪光，因为翼足目的身体通透精细得就跟精制的玻璃一样。

那个早晨，鲭鱼穿过成群的翼足目游了好几英里，还经常遇到张着口捕食成群软体动物的鲸。鲭鱼虽然并不是鲸的目标猎物，但也赶忙躲开它们那庞大的黑色身躯；而正在被成百万地捕食的有壳翼足动物，却对于这捕猎自己的大怪物毫不了解。永远怀着一颗觅食之心的带翅蜗牛平静地在海洋里漂游捕食，直到那巨型下颚围起自己、海水奔流于鲸须之间时才察觉到这恐怖的猎人。

穿游于成群的翼足目间，斯科博看见了一条体形巨大的鱼在自己身下移动带来的闪光，也感受到了它游动的尾波造成的海水移位所形成的大体量的海水的滚动。但由于这条大鱼离开斯科博视线的速度跟出现时一般快，斯科博立马便如过往一样，只看到自己正在捕食的鲭鱼群和体形娇小、透亮如玻璃的带翅蜗牛。然

1. 亦可直译为"带翅蜗牛"。

后，它突然感受到自己下方数英寻处传来一阵巨大的动荡，并且也能推断出鲭鱼群正从队伍的底部往上直冲。原来是成打的大型金枪鱼攻击了那正在进食的鲭鱼群，它们选择了先游到小鱼的下面，再将它们赶到水面。

当金枪鱼穿梭于慌乱的鱼群间时，恐慌与困惑四处扩散。无论向前向后还是向左向右都无法逃脱。如今，因为金枪鱼的存在，下方的空间不复存在。斯科博和大部分的同伴们一起不断地往上游。越往上，海水颜色越淡。斯科博可以感觉得到身后有一条巨大的鱼向上游动所带来的厚重的海水振动，并推断它比一条小鲭鱼游得快多了；它察觉到金枪鱼那五百磅的身躯从它侧边掠过，那时金枪鱼正在捕捉斯科博旁边的一条小鱼。然后，斯科博就来到了水面，但金枪鱼还在追赶。它别无选择，只能跃出水面，然后跌落水中，就这样一次又一次地跃出水面。在空中的时候，会有鸟用喙刺它。喷洒的水花是金枪鱼捕食的信号，海鸥见到便会立即赶到现场凑个热闹，呱呱的叫声与鱼坠落时拍打水面造成的声响相辅相成。

斯科博的跳跃如今已是越来越急促，越来越费劲了，落下的时候也是疲惫不堪。已经有两次它差点就没躲过金枪鱼的大嘴，

　　而已经有太多次，它目睹了自己的同伴被猛攻的鱼捕获。在鲭鱼
与金枪鱼的视野之外，有一条顶着高耸的黑色鱼鳍的鱼正从东方
赶来。在离第一个鱼鳍的东南方一百码的地方，另外两个一人高
的鱼鳍片也在快速地掠过海洋。三头虎鲸（又名杀人鲸）正在靠
近，它们都是被血腥味吸引来的。

　　有一刻，斯科博发现水里出现了更加恐怖的身影，当这些
二十英尺长的鲸如狼群般攻击那条最大的金枪鱼的时候，斯科博
甩动得更加剧烈了。它逃离了那个地方，那儿的大鱼在徒劳地猛
冲和扭曲着身体，最终也没能躲过敌人。突然之间，斯科博发现
自己所处之地再也没有金枪鱼的追赶和骚扰了，因为除了那条被
攻击的大鱼外，其他的金枪鱼在看到虎鲸时都赶忙逃走了。随着
斯科博游得越来越深，海洋也再次变得平静和翠绿，而现在，它
再一次回到成群捕猎的鲭鱼群中，也看到了围绕在它身旁的通体
透明的带翅蜗牛。

围网

那天晚上，海上的磷光亮得不寻常。许多鱼类都聚集在水面附近进食。十一月的寒意使得鱼类的动作更加迅速，鱼群的移动惊扰了数百万发光的浮游生物，使它们闪出耀眼的光泽。这个不见月色的漆黑之夜，由此被许多分布在不同地方的闪烁光斑打破。它们时而显现，亮得耀眼；时而消退，渐变暗淡。斯科博和其余五十来条周岁的鲭鱼一同在海里漫游，它们在点缀着银色小亮点的漆黑海水中看到了一片分散的强光——那是由一群数量庞大的大鲭鱼捕食正在追捕桡足类动物的虾所形成的亮光。数千条鲭鱼正随着潮水缓慢地漂流，而它们所覆盖的区域在隐隐发光，因为每当这些鱼有动静，便会碰到水中那无处不在的发光的小动物。

这个周岁鲭鱼群开始往大鲭鱼群靠近，而且很快就融入，成为其中的一部分。这次所见的鱼群是至今为止斯科博见过的最大的鱼群，它的四周满是鱼——上面的水域是一层又一层的鱼——下面的水域也是一层又一层的鱼；无论在左侧还是右侧都是鱼——无论在前面还是后面也还是鱼。

通常来说，"图钉"尺寸的鱼——也就是身长在八至十英寸左右的鲭鱼，会独自成群前进，因为它们游行速度比较慢，自然就会从大鱼队伍里分离出来。但如今，即使是较大的鲭鱼——六到八岁的健壮鲭鱼——都与自己捕食的那群庞大的浮游生物团前进速度相当，因此，小"图钉"也能轻易地跟上大队，于是小鲭鱼和大鲭鱼现在就组成了统一的鱼群。

对于这些周岁的鲭鱼来说，看着水中那么多鱼在一同前进，再望着年长的鲭鱼在黑暗中弹游、盘旋和转向，尤其是当它们的身上还闪耀着那些借来的亮光，这一切景象实在是令它们兴奋。

但由于鲭鱼们过分专注于捕猎——无论是大鲭鱼还是小鲭鱼都一样——它们在一开始都没有察觉到上方的海域有一道光，仿佛一条巨型鱼游过后留下的尾迹。一阵低沉的震动声打破了黑夜的寂静，在海上休憩的鸟类听到了；它们中睡得更沉的一些只是刚好及时醒来离开水面，才免于被发出震动的航行中的轮船撞到。但无论是暴风鹱那恐慌的尖叫声还是剪水鹱剧烈拍打翅膀的声音，都无法为水下的鱼类送去警告。

"有鲭鱼！"桅顶上的望风者叫喊着。

引擎的振动减弱至几乎听不到，只有仿如心跳一般的响声。十来个人靠在捕猎鲭鱼的围网渔船的栏杆上，尝试穿过黑暗来探清情形。围网渔船不带灯，因为灯光会把鱼吓跑，于是四处都是一片漆黑。在这厚实得如天鹅绒一般的漆黑中，水天一色，难解难分。

但等等！那里是有一点光在闪烁吗？就在船首左舷方向的海面上，是有一团鬼魂一般的苍白亮光吗？即使那里曾经有过这样的光点，如今也已消逝，海洋已复于一片漆黑，空无一物——毫无生命迹象。但那亮点又再次出现了，而且，看起来就像是微风中刚燃起的初焰，或是被双手护住的火柴上的火苗，然后它开始变得明亮耀眼；它向四周的黑暗扩散开来；这团没有固定形状的云状物在水中闪烁着，移动着。

"有鲭鱼！"船长在观察那亮点好几分钟后呼应道。"仔细听！"

刚开始的时候，除了海水轻柔地拍打船身的声音外，万籁俱寂。一只海鸟，从黑暗中飞了出来，又再次飞入黑暗中，撞上桅杆后掉到了甲板上，它恐慌地叫了一声就拍着翅膀飞走了。

寂静再次降临。

随后，一阵微弱的声音传了过来，那听起来极像是暴雨降落在海上的声音——那是鲭鱼的声音，是一大群鲭鱼在水面捕食的声音。

船长下达了开始布网的命令，亲自爬上桅顶来指挥这次行动。全体船员也各自去到相应位置，准备就绪：十个人登上了位于船右舷方向通过吊杆连接着的拉网渔船；两个人登上了被拉网渔船拖着的平底渔船。引擎振动的声音也开始增大了。大船开始划着大圈开动，绕着海上那闪闪发光的亮斑旋转。这样做是为了使鱼群镇静，并让它们聚得更加紧密，形成一个相对较小的圆。渔船围着鱼群绕了三圈，第二圈比第一圈稍微小了些，第三圈又比第二圈更小。如今，海水中那光斑更加明亮了，也越来越集中了。

第三圈绕完之后，坐在拉网渔船尾的一个渔民将原本堆在船尾的一个一千两百英尺长的渔网的一端抛给了平底渔船上的一个渔民。围网还是干的，因为当晚还没抓到过鱼。平底渔船与拉网渔船分离，上面划桨的人开始拨水了。平底渔船再次移动起来，拖着拉网渔船。如今，随着拉网渔船和平底渔船之间的距离不断增加，渔网稳稳地在大船旁边展开。一根由软木浮子支撑漂浮的线在海面上扩展开来。渔网从浮子纲上垂直地落入水中，形成一片网状帘子，在下方连接在网上的铅块的拉扯下开始坠落，向下延伸到一百英尺深的海底。带有浮子的浮子纲从拱形转化为一个半圆，再从半圆甩成一个完整的圆形，将鲭鱼集中包围在一片跨度约四百英尺的空间中。

鲭鱼群感到紧张不安。那些在鱼群外围的成员已经察觉到沉重的水流运动，仿佛身边有什么巨型的海洋动物经过一样。鲭鱼群从海水中可以感觉到渔网通过时的巨大水流——那是由移动的海水造成的尾波。一部分鲭鱼在自己上方看到了一个移动的银色的长椭圆形，旁边还有两个比较小的影子，一个在前，一个在

后。这景象也有可能是一条雌鲸带着两头小鲸共同形成的。出于
对这些陌生怪物的恐惧，在鱼群周边的鲭鱼都开始往中心游去。
因此，所有位于这个庞大的进食鱼群边缘的鲭鱼，都在转身猛冲
进鱼群，躲避到看不见那个巨大的、发亮的物体的地方，在那
儿，它们不会再感受到那个巨大的、骇人的生物游动时的尾迹，
因为那里有成千上万条鲭鱼，它们游动时引发的微波紧密聚集所
造成的振动足以掩盖一切。

　　当那巨大的海洋怪物开始再次围着猎物转圈的时候，原本伴
在两旁的小身影中只有一个尾随而上，另一个则在鱼群上方漂
浮，仿佛是用长长的鱼鳍或是脚蹼拍打着海水。现在，拉网渔船
沿着由自己的行进引起的浮游生物光焰流前进，就在大船引起的
那个更为宽广的发光水道旁，而渔网则是在拉网渔船的尾迹上扩
散开来。渔网犹如摇晃的帘子般垂挂下水的时候，燃起了一片让
人困惑的淡淡的亮光，原来浮游动物早就已经聚集在上面了。鱼
类都非常惧怕这网墙。当渔网甩开的股绳形成的拱形一点点被收
回，直至形成一个巨大的圆形时，鲭鱼聚集得更加紧密了，鱼群
的每一部分都在不断地向中心收缩，试图远离渔网。

　　在鱼群中心附近的某处，斯科博正对这由身边的鱼类不断靠

近而增加的压力感到困惑，还有它们那带着亮光的身体也耀眼得快使它失明了，这一切都令它费解。在它的概念中根本没有什么渔网，因为它既没有看到那布满闪烁的浮游生物的网孔，也没有用吻部或胁腹磨蹭过渔网的股绳。但一份不安充斥着海水，并且如电流般迅速地从一条鱼传到另一条鱼身上。圆圈外围的鲭鱼群开始撞到渔网，它们立即转身弹开，在鱼群中猛地穿行，将恐慌不断扩散。

拉网渔船上的其中一个渔民只有两年的出海经验，这短短的时间不足以让他忘记——如果他真的会忘记的话——那种探索，那份他自工作伊始就怀有的好奇心- -海底之下到底都有些什么？有时候，当他在甲板上看着刚打上来的鱼，或者是在货仓望着速冻的鱼的时候，他会想：到底这些鲭鱼在海底都见过些什么？那是他从没看到过的景象，是他从没到过的地方。他甚少用言语说出这些想法，但在他看来，这一切实在是不合理。这种在海洋中成功存活的生物，能够经得起所有凶残的敌人带来的残酷考验——这些敌人可是能在他的眼睛无法看清的阴暗中穿行——却最终命丧于捕猎鲭鱼的拉网渔船的甲板上，这被鱼的体表分泌物和鱼鳞弄得黏糊糊的湿滑甲板上。但他终究是一位渔民，也没什么时间来思考这样的问题。

今晚，当他将围网投入水中，看着那下沉的渔网在闪烁时，他心中想象着下面有成千上万条鱼在四处乱转。他看不到它们，就连在水域上层的那些鱼看起来都只是在黑暗中腾跃的亮线——仿佛是迷失在漆黑、倒置的天空中的烟火。他想得太投入而感到有点头晕了。在他的想象中，他看到了鲭鱼游到渔网前，吻部碰到了网后赶紧向后缩的样子。他觉得这些一定是大鲭鱼，因为那在水中燃烧的线条暗示了鲭鱼的大概体长。因为磷光看起来像一团融化的金属，不断地越来越集中，他可以推断，碰到渔网再恐慌地往后退的这个情况，必定在那个圆圈的各个部分中同步进行，因为现在渔网的各端点都已收拢。随着拉网渔船和平底渔船的交叠，渔网的两端也再次重合起来。

他帮忙把那三百磅的重物拉起，并将其安置在括纲上，随即让其开始沿着绳子滑动以使渔网尾端的开口闭上。大家都开始拉长长的括纲了。他想象着那些在渔网下端的鲭鱼，只是因为无法穿过渔网底部看到逃生的路而被困在那里。他想象着渔网在海里下沉的样子，不断地往下沉；他想象着探测索上挂着的那些铜环，随着穿行其中的括纲被拉起而逐渐靠近；他想象着底部那逐渐缩小的圆圈。但是无论如何，逃生的出口一定还是开着的。

那些鱼很紧张，他看得出来。在上层水域的亮线仿佛是数百颗划过的彗星。整个云团的亮度时而变得暗淡，时而又燃得明亮，看起来就像是在天空中有炼钢炉在发亮。他似乎能够穿过水面看到深海中的情景，在那里渔网推撞着它前面的铜环，而绳子也被拉得紧绷起来，鱼群则在水里四处乱窜——这些小鱼仍有可能找到逃生的出口。他能想到那些大的鲭鱼在发疯似的寻找出路。一开始他就知道，这鱼群实在是太大了；但是船长不喜欢把鱼群打散，总试图一网打尽，而这几乎必然会将鱼群赶到深水区。大条的鱼理所当然会往下直冲，带领着整个鱼群直接穿过不断缩小的圆圈往下向着海底前进。

他转身背向海洋，用手感受那堆在拉网渔船底上湿漉漉的绳子，尝试估量——因为他无法看出——这里堆起的绳子有多少，并猜测在围网被收起前还有多少绳子要收上来。

他身旁有个人叫了一声，于是他便转身面对海洋。渔网中的亮光在逐渐消退，微微闪烁着，化成如灰一般的残光，重返黑暗。显然，那条大鲭鱼已经往下游入海中了。

他靠在船舷上往下面看去。透过漆黑的海水，他看着海里的亮光在逐渐消失，并依靠想象力来弥补他看不到的一幕——成千上万条鲭鱼竞相往下游，形成一个漩涡。突然间，他希望自己此刻可以在下面，在一百英尺深的海底，在渔网的探测索上。那些鱼全速前进，如流星般穿行的景象该有多么的壮观！过了好一会儿，当他们终于完成那漫长的任务——将那1200英尺长的围网重新堆好后，才发现，他们花了一小时完成的工作是徒劳，那时他才终于明白，鲭鱼往下冲到底意味着什么。

经过那一轮逃出网底的疯狂冲刺后，鲭鱼群早已四散到海洋各处。而一直到黑夜将要结束时，这些见识过环绕的渔网的恐怖的鱼才能安静下来，再次组成鱼群进食。

黎明之前，大多数夜里在这些水域利用围网捕鱼的人都已经从黑暗中消失并向西前行了。只有一条船留了下来，这艘船一整晚都很倒霉，总共设置了六次渔网，有五次都因为鲭鱼从网底逃离而徒劳无功。这条孤独的船是清晨的海面上唯一移动的东西，那时东方的天空已变成了灰色，而黑色的海水也开始闪耀着银光。船员们还希望多试一次——他们在等待那些因夜间的捕鱼行动而被驱赶到深海的鲭鱼，期盼它们在破晓时游到水面上。

光亮一分一秒地在东方增加。阳光使高耸的桅杆和拉网渔船

的舱面船室显得如此清晰可辨；它挥洒在尾随其后的拉网渔船的
船舷上缘，消失在成堆的因被海水浸透而变黑的渔网上。太阳照
耀在低矮的小山丘上，而没有照到它们的低谷。

两只三趾鸥从昏暗中飞了出来，并停歇在桅杆上，等待着渔
民打上鱼并进行分拣。

在西南方四分之一英里远的地方，一个黑色的不规则阴影出
现在海面上——那是成群的鲭鱼在缓慢地往东方游去。

拉网渔船迅速调整航道，与漂流的鱼群交叉，来到了鱼群的
前面。船员们动作迅速，渔网很快就在旁边布好了。船员在全力
赶工，将渔网沿括纲下压，将绳子拉紧，合上渔网底部的开口。
渐渐地，船员们将围网绷紧，将鱼类引导至位于渔网中间处的囊
袋，这个部位的股线是最多的。如今，渔船开到了围网旁边，收
起渔网，并快速地将网拉紧固定好。

围网网兜被固定在渔船旁边的水中，由固定在浮子纲上成组
的软木塞（每组三至四个）支撑漂浮着。渔网承载着几千磅重的
鲭鱼。里面大多数的鱼体形都相对巨大，但其中还有一百多条
"图钉"尺寸的鱼或在新英格兰海湾里度过夏天的周岁鲭鱼，它
们才刚来到开阔的海洋不久。斯科博就在其中。

　　这不断往外排水的渔网看起来就像一个由股绳组成的带有长木柄的勺子一样。它是随着围网被带到这个位置的，探入翻腾的鱼群里，经由滑轮往上拉至甲板，被倾倒一空。几十条柔软而肌肉发达的鲭鱼在地板上弹跳摆动，它们身上精致的鱼鳞向空气中反射出如彩虹一般的眩光。

　　这网里的鱼有些反常。它们从下面腾跃而起的方式不太对劲，它们几乎可以说是迫不及待地弹到空中那排水网中。一般被围网包住的鱼类都会尝试通过不断下沉来将渔网往下扯。但这些鱼显然被水里的什么东西吓坏了——某种比附近水域的大船更加令其害怕的东西。

　　在围网之外出现一阵沉重的振动。一个三角形的小鱼鳍和一条长长的尾巴划破了水面。突然间，在渔网周围出现了几十个鱼鳍。一种四英尺长的灰色鱼类，体形细长，嘴巴长在吻部的下方。它们穿过浮子纲，冲到了鲭鱼群中，猛地咬下去，撕裂鲭鱼的身体。

　　如今，角鲨群的所有成员都开始疯狂地将围网撕烂，一心只想抓住里面的鲭鱼。它们那如刮刀一般锋利的牙齿将结实的股绳咬断，股绳在其齿下如纱布一般脆弱，渔网上出现了许多巨大的洞。有那么一刻，眼下呈现出无以名状的混乱，那时，由浮子纲划分出来的空间成了一个沸腾的生命漩涡——四窜的鱼类、撕咬的牙齿、令人眼花缭乱的绿色和银色，一切混乱不堪。

随后，几乎是和这情况开始时一般突然，这个大漩涡也停息了。伴着迅速消失的恐惧和困惑，鲭鱼群从围网上的洞倾巢而出，如影子般快得抓不住，立即消失在海洋中。

这些成功从围网和突袭的角鲨的口中逃脱的鲭鱼中，就有周岁的鲭鱼斯科博。当天傍晚，在超越一切的本能的指引下，斯科博尾随着年长的鱼，往海洋方向迁徙到距刺网和围网经常出现的区域数英里外的地方。它在深海海底前行，忘记了夏日海洋那浅色的海水，一心在眼前颜色不断加深的绿色海水中沿着陌生的海路前行。它一直都在往西南方前行，向着一个它自己过去从不知道的地方游去——一片深邃安静的水域，就在弗吉尼亚海角的大陆架旁。

在那里，冬天的海洋会及时迎接它。

卷三　河海之交

向海之旅

　　小山丘下有个池子，那儿有许多树木——花楸、山核桃树、栗树和铁杉树，缠绕的根深入地底，将雨水储存在如海绵般的腐殖土里。池中的水来自西边高地上的两条小溪，它们流经岩石河床，顺着山沟潺潺而下。香蒲、黑三棱、针蔺和梭鱼草扎根在池子岸边松软的淤泥里，它们从小山丘山脚的那一边伸出半个身子探入水中。在池子东岸的湿地生长着一些柳树，这里的水缓缓溢出，穿过小草围成的边界，探寻着通向大海的路。

池塘平静的水面常常被一圈一圈向外扩散的涟漪打破，那是银色的鲮鱼或其他小鱼触碰空气与水的交界面时造出的水纹。当生活在芦苇和蔺草之间的昆虫匆忙经过时，水面上也会泛起一层层的涟漪。这个小池叫麻鸦池（Bittern Pond），因为每年春天总有这种害羞的鹭科鸟类挨着芦苇秆子筑巢，它们古怪、间断的叫声在香蒲之间环绕、停留，隐藏在光影之间，听到的人总以为那是小池里不露面的精灵发出的。

一条鱼从麻鸦池游到海洋的路线大约长两百英里。其中三十英里都沿着山脚的小溪，七十英里是一条在海滨平原上缓慢流淌的河流，剩下的一百英里则是半咸水的浅海湾，数百万年前，海洋已从这里漫进河口湾。

每到春天，就有许多小生物成功游过两百英里，从海洋经过长满草的溢口游到麻鸦池。这些小生物长得很奇怪，像一根细长的草秆，比人的手指还短一些。它们是出生在深海的小鳗鱼，或叫幼鳗。其中一些会继续向上游，直到山里，但少数还是会留在池子里，以淡水螯虾、水甲虫为食，它们也会捕食青蛙和小鱼，在这里逐渐长大，直到成年。

如今时值秋季。月亮从露出四分之一变为露出一半，雨水降临了，山丘里的溪流汹涌而下。汇入小池的那两条溪流在急忙奔向大海的路途中，变得深邃且急促，拍打着河床上的岩石。涌入的水流搅乱了这一池秋水，横扫小池的草丛，让淡水螯虾的洞口打起漩涡，漫到池子边缘柳树树干六英寸高处。

傍晚，起风了。一开始是柔和的微风，吹拂池子的表面，荡出天鹅绒一般的水纹。到了半夜，风势加剧，蔺草被吹得乱摆，水草干枯的草穗被风吹得沙沙响，水面被风犁出深深的沟垄。风从山丘呼啸而下，经过长着橡树、山毛榉、山核桃树和松树的森林，一直朝着东方，吹向两百英里外的大海。

这条鳗鱼叫安圭拉（Anguilla），它快速往小池溢口的水流游去。凭着自己敏锐的感知，它品味着水中奇怪的味道。那是被雨水浸泡过的干枯的秋叶的苦味，还有苔藓、地衣以及植物根部抓住的腐殖土的味道。就是这样的水匆忙地从这条鳗鱼身边经过，流向大海。

十年前安圭拉进入麻鸭池的时候，它还是一条只有人的手指长的幼鳗。住在这个小池的这些春夏秋冬里，它白天躲在水生植物丛中，晚上到处觅食。像其他鳗鱼一样，它也喜欢黑暗。它熟知每一个淡水螯虾的洞穴——那些蜂窝状的纹路，贯穿山丘下的泥土河岸。它知道怎么在摇摆着的有弹性的睡莲茎之间找到路，睡莲厚厚的叶子上常有青蛙停留。它也清楚如何找到在春天里会发出唧唧叫声的小生物，它们常依附在草叶上，或者冒泡时发出尖细的声音。春天的时候，小池的水会从北边多草的岸边溢出。它能够找到水老鼠出没的河岸，它们常在玩耍时吱吱地叫，或是愤怒地打斗，有时候会掉进小池，溅起水花，对于一条潜伏的鳗鱼来说这是可以轻易捕获的猎物。它熟悉小池底部柔软的泥层，冬天来临时它就会钻进泥里抵抗寒冷，因为像其他鳗鱼一样，它也爱温暖。

又到了秋天，从山脊滑落而至的雨水冰凉刺骨。安圭拉的心里有种奇怪的焦躁，这种不安慢慢变得明显。这是它成年以后第一次忘记饥饿的感觉。取而代之的是一种新奇的饥渴，无形且模糊。它能模糊感知到自己在渴望一个温暖黑暗的地方，那里比降临在麻鸦池的黑夜更黑。它曾经知道这样的一个地方——在生命微弱的开端，记忆开始之前。它不可能知道怎么回到那个地方，十年前它从那里来，最终翻过出水口进入这个池子。但在那个晚上，随着风和雨撕破池子表面，安圭拉被一股难以抗拒的力量推向出水口，池边的水正在往外溢出，流向大海。在山的那边，农场的公鸡正以欢快的啼叫迎接新一天的第三个小时，安圭拉则跟随流动的水溜进了通向下游溪流的水道。

尽管有大量的水涌入，溪流还是浅浅的，它充斥着一条年轻溪流的嘈杂声，汩汩的水声夹杂着水冲击石头或者石头相互碰擦的声响。安圭拉随着溪流，从高速的水流的压力变化中找到了自己前进的道路。它是一种属于夜晚和黑暗的生物，所以黑色的水路既不会让它感到迷惑也不会给它带来恐惧。

在五英里的路程内，溪流经过巨石散落的粗糙河床，海拔降低了一百英尺。在最后一英里，溪流沿着一条深沟从两座山丘之间滑了下去，那是多年以前另一条更大的溪流经过时留下的痕迹。橡树、山毛榉和山核桃树覆盖了山丘，溪流在它们交错的树枝下奔腾。

破晓时分，安圭拉来到一个明亮的浅滩。溪流冲击着沙砾和碎石，发出急剧的哗哗声。水流突然加速，形成十英尺的落差，洒在陡峭的悬崖石壁上，最后落在底下的凹地里。凹进去的地方是一处有一定深度的静水，水是清凉的，数百年的瀑布冲击让岩石变成了圆形的水池。深色的水生苔藓在池边生长，轮藻扎根在池底的淤泥中，依靠着石头上的石灰蓬勃生长，并将石灰吸收到它们圆形的软茎中。安圭拉正躲在水池的轮藻中，寻找一个可以遮挡光和太阳的庇护处，因为它厌恶现在所处的明亮的浅滩。

它躺在水池里不到一小时，另一条鳗鱼从瀑布那边游了过来，在池子深处的树叶层中寻找暗处。这条鳗鱼来自山丘更高处，它的身体被划破了多处——这一路下来的溪流中布满了碎石。新来的鳗鱼比安圭拉更大更强壮，因为它成年以后在淡水中生长的时间比安圭拉多了两年。

在此之前，安圭拉成为麻鸭池最大的鳗鱼已有一年多的时间，它现在窜入轮藻丛中看到了这条奇怪的鳗鱼。它经过的时候晃动了轮藻僵硬的灰质茎，惊动了轮藻茎上的三只划蝽。受惊的划蝽保持着一只节肢紧握轮藻的姿势，身边是轮藻茎上的硬毛。这些划蝽正在啃食覆盖在轮藻茎上的鼓藻和硅藻。划蝽身上裹着闪亮的空气薄膜，它们从水面潜下来后就一直带着，而那条鳗鱼经过的动静使静静停在那里的划蝽从轮藻的茎上脱离，落入水中。由于密度比水小，划蝽像气泡一样上升。

一只身体像树枝碎片的节肢昆虫叫尺蝽，有六只脚，它时而在浮在水面的叶子上爬行，时而在水面上滑行，好像在坚韧的丝绸上移动一样。它的脚在水面上压出六个凹痕，但没有戳破——它的身体是多么的轻。这种昆虫的名字意为"沼地蟠"[1]，因为这类昆虫经常住在沼泽地泥炭藓的深处。这只尺蟠正在觅食，等待像蚊子幼虫或小甲壳动物之类的生物从池底游上水面。

就在一只划蟠刺破了脚下的水与空气之间的界面的瞬间，这只像树枝的昆虫伸出锋利的刺吸式口器，刺穿了划蟠，吸干了它小小的身体。

安圭拉感觉到那条奇怪的鳗鱼一直在往池底厚厚的枯叶层里钻，它自己向后移动，回到瀑布后面阴暗的角落。在它上方，陡峭的岩石表面长着柔软的绿色苔藓，它们的叶子想避开水流，然而总是被瀑布溅下来的细浪弄湿。在春天，蠓会来到这里产卵，它们将白色的卵旋转着洒开，使它们一团一团混乱地落在湿润的岩石上。等到卵孵化，带着薄纱般翅膀的昆虫开始从瀑布里冒出来，而站在垂下来的树枝上的小鸟兴致勃勃，等待机会张开嘴冲向由蠓组成的云层里。现在蠓都不见了，其他小动物住在绿色的轮藻丛中。它们是甲虫、牛虻和大蚊的幼虫。

这些生物身体平滑，既没有倒钩、吸盘，也没有近亲那种扁

---

1. 原文为 marsh treader，是尺蟠在美国的俗称。

平的流线型身材。那些近亲或生活于上方瀑布边缘，或生活于
十二英尺以下那利用瀑布的压力将水溅起并推入河床的池子里。
虽然它们生活的地方离那片急转坠落的瀑布只有几英尺，但它们
对于那急流和它带来的危险却毫不知情；于它们而言，这个世界
就是由那缓缓流经苔藓丛的溪水组成的和平之地。

大规模的落叶潮在过往两周的降雨中拉开了帷幕。一天下
来，森林的顶部直到地面都成了树叶飘落的背景。这些树叶下落
时相当安静，它们触碰到地面时产生的声音非常微弱，比老鼠的
脚轻刮地面的声音还要小，也比鼹鼠在落叶堆中穿行的步伐更
安静。

长着宽广翅膀的秃鹰一整天都在沿着山脊往南飞翔。它们在
飞行时候，几乎一下都不用拍打自己那张开的翅膀，只需借助上
升气流的力量，那是由西风撞上山丘再向上反弹而形成的。这些
秃鹰是秋迁的成员，它们来自加拿大，一路沿着阿巴拉契亚山脉
飞行，这个飞行路线会因气流的帮助而变得轻松。

黄昏时分，猫头鹰开始在森林中鸣叫，而此刻的安圭拉已离
开了水池，独自往下游游去。水流不久就流入了起伏的田野，安
圭拉在那天夜里也曾两次落入在淡淡的月色下呈现为白色的小水

坝中。在第二个水坝下的飞流里，湍急水流在翠绿繁盛的草地下方冲出一道空隙。安圭拉在一个突起的岸边停留了一会儿，因为水流冲击水坝那倾斜的板状物时发出的声音吓到了它。当它停留在岸边下方的时候，那条在瀑布的水池中和它一起休息的鳗鱼也来到了小水坝，并继续向下游前进。安圭拉尾随其后，任由水流带其在浅滩的湍流中跌跌撞撞，轻快地从最底部的道路中滑走。它经常留意到一些深色的身影从旁边的水中晃过，那是其他鳗鱼，它们都来自上游主干流的水源。就像安圭拉一样，这些纤长的鱼儿也将自己寄托于匆忙的河水，让水流为它们的前进加速。所有这些处于迁徙之中的鳗鱼都为雌性，只有雌性鳗鱼才会往上奋力前行至淡水溪流，那是一切与海洋相关的事物的发源地。

这些鳗鱼几乎是当天晚上唯一在溪流中游动的生物。有一次，这条溪流在一小片山毛榉丛林中冲刷出了一条曲折的弯道，并且还形成了一道更深的河床。当安圭拉游入这圆形的盆地时，有几只青蛙从松软的泥岸上跳了下来，潜入水中。它们原本在岸边探出半个身子坐着，藏在一棵倒下的树干附近，后来受到了一只全身长满皮毛的动物的惊吓。如同人类在柔软的泥土上行走会留下足迹一样，这动物在走动时也会留下脚印，而且在朦胧的月色之下，它那小小的黑色面具以及长着一环环的黑色条纹的尾巴也暴露了出来。这是一只浣熊，它住在附近山毛榉丛林中一棵树的高处的洞穴里，经常会从溪流里捕捉青蛙和淡水螯虾。那一连串由它的到来引起的溅水声并没有让它感到担心，因为它很清楚那些愚蠢的青蛙喜欢躲在哪里。它大步走到倒下的树干旁，并趴在树干上，用后爪和左前爪紧紧地扣住树皮，右前爪则尽其所能地往下探入水中，用那敏感的手指不停地搅动树干下的叶子和泥巴。青蛙尝试向那由叶子、树枝和其他溪流杂物构成的水底深处逃去。浣熊耐心地用手指翻遍每一个洞穴和每一条裂缝，将树叶都拨开来并翻动泥土。不久，浣熊的手指感觉到了一个小小的、坚实的身体——就在青蛙慌忙逃脱时，它感觉到了那瞬时的移动。它赶紧将青蛙往树干上拉，越抓越紧。随后，它把青蛙杀了，并将那身体浸在溪流中仔细地清洗干净，然后将其吃掉。它刚刚吃完这顿餐，又有三只戴着黑色面具的动物走入了溪流旁的月色当中，它们是它的伴侣和两只幼崽，也到树木这边来猎捕食物。

出于习惯，鳗鱼用吻部好奇地刺探浮木下的一片叶碎，这可让青蛙更加害怕了。但它并没有像以往在水池中那样去骚扰这些青蛙，因为在那极其强烈地驱使它踏上旅途的本能的刺激下，饥饿感已被抛于脑后。当安圭拉溜到拍打着浮木的水流中部时，两只浣熊幼崽和它们的母亲已经爬到了树干上，四只戴着黑面具的小动物，一齐凝视着水面，准备从池子中捕青蛙。

清晨的时候，溪流已变得更宽更深了。现在，它静静地流淌着，水面映射着广阔的树林，其中生长着悬铃木、橡树和山茱萸。它穿行于森林之中，带着一列颜色鲜艳的叶子——发出噼啪声的亮红色叶子来自橡树；斑驳的绿色和黄色树叶来自悬铃木；材质如皮革一般的暗红色叶子则来自山茱萸。在猛烈的风中，山茱萸的叶子会脱落，但它能保住自己那鲜红的浆果。昨天，一群旅鸫聚集在山茱萸树丛中叼食浆果；而今天，这些旅鸫已经向南飞走了。它们原先停留的地方迎来了一群椋鸟，这群鸟儿在树与树之间掠过，边将树上的浆果吃光，边向着同伴们吹口哨或是嘎嘎地叫。这些椋鸟换上了明亮的冬装，胸上的每一根羽毛的顶端都点缀着白色。

安圭拉来到了一个浅水池中，这个水池是在十年前一棵橡树被一次猛烈的秋季风暴连根拔起并横卧于溪流上之后形成的。在溪流中因橡树形成的水坝和池子对于安圭拉而言都相当新鲜，因为它是在那年春天才成为一条小鳗鲡往上游到溪流里的。如今，大量的杂草、淤泥、树枝、枯叶以及其他杂物都严严实实地堆在了巨型的树干附近，填满了每一条裂缝，因此流经此处的水流已经被托得足有两英尺深了。在满月时期，鳗鱼群会停留在那因橡树而形成的水坝中，怯于穿行在被月色点亮的溪流中，就像它们不敢在阳光照射下的溪流中游动一般。

　　在水池的泥底上有许多在挖洞的幼体，长得像蠕虫一般——那是七鳃鳗的幼体。它们并不是真正的鳗鱼，只是一种长得像鱼类的生物，它们的骨骼并不是由坚硬的骨头组成，而是由软骨构成；它们圆圆的嘴里堆满了牙齿，并且无时无刻不处于张开状态，因为它们没有颚，嘴部无法合拢。这些七鳃鳗幼体中有一部分孵化自四年前产在池子里的卵，而它们生命中的大多数时间都生活在浅浅的溪流中，没有视力，也没有牙齿，将自己埋在由软泥铺成的平底里。那些比较年长的幼体身长将近人类手指长度的两倍，在今年秋天时才转变为成年体形，而也是在那时候，它们才第一次长出眼睛来看看这个生活了许久的水下世界。如今，就如真正的鳗鱼一般，它们可以感受到水流温柔地往海洋流淌，有一种莫名的感觉在驱使它们跟着这流水走，往下去寻找那咸咸的海水，过上一段暂时的海洋生活。到达海洋后，它们会以半寄生方式捕猎鳕鱼、黑线鳕、鲭鱼、鲑鱼和其他多种鱼类，并在适当的时间回到河流繁殖和死去，就像它们的父母一样。一部分年幼的七鳃鳗每日都会从橡木水坝经过，而在一个多云的夜里，雨水落下，白雾积聚于河谷，鳗鱼群也跟上了七鳃鳗的队伍。

隔夜，鳗鱼群来到一个溪水分流处，小溪遇上了一个厚厚地长满了柳树的小岛，并沿其边缘分流开来。鳗鱼群沿着小岛南部的通道前进，身下是广阔的泥土平原。这个海岛的形成历经好几个世纪，它是由溪流在流向主河流时留下的部分淤泥积聚形成。青草的种子长出了根；水流和鸟类带来了树木的种子；洪水在注入的时候带来断裂的柳树枝条，这些枝条后来长出了嫩芽；于是，一个岛屿就诞生了。

在鳗鱼进入主河流时，里面的河水已经因即将到来的黎明而变作灰色。这条河流的通道足有十二英尺深，里面的河水因众多的支流在注入时与秋雨交错涌起而变得浑浊。鳗鱼群在日间并不惧怕阴郁的通道河水，令它们害怕的是明亮的山间溪流。因此，它们今天并没有停下来歇息，而是继续往下游前进。河里还有许多其他鳗鱼，那些都是来自其他支流的旅者。随着成员的增加，整个鳗鱼群的激昂情绪也在增长。在接下来的日子里，它们休息得越来越少了，带着一份兴奋的紧迫感往下游前进。

随着河流逐渐变宽变深，一种奇怪的味道涌入了河水中。那是一种微微苦涩的味道，在白天的特定时间和晚上，这种味道会变得更加强烈，鳗鱼会从流过嘴和鱼鳃的水中尝到这种味道。伴随着这苦涩味道而来的是一种陌生的水流运动——压力会抵住河水往下流的势头，随后这个压力会慢慢减弱，直到水流再次加速变得轻快。

如今，有好几组纤细的杆子在溪流中相隔而立，一路排到了岸边，它们之间是直线对齐的，但连起来却形成了一个漏斗形。变黑的渔网上面裹着一层黏糊糊的海藻，挂在杆子与杆子之间，露出水面数英尺。海鸥经常会停在建网上，等待人类来捕鱼收网，它们好顺便拣食被扔掉或跌落的鱼。河流间的杆子挂着藤壶和小牡蛎，如今河水中的盐分已经足够让这些贝壳类生物成长了。

有时候，在河流的沙嘴处零散地分布着小型的滨鸟，它们在站着休息或是在水边寻找蜗牛、小虾、蠕虫或是其他食物。滨鸟通常生活于海洋边缘，它们的大量出现暗示着海洋就在不远处。

水中那股奇怪的苦涩味道越来越重了，而潮水的拍动也越来越强劲。在一次潮退时，成群的小鳗鱼——都还没到两英尺长——从一片渗透着盐水的沼泽中游了出来，加入了从山上溪流出发的迁徙队伍。它们都是雄性鳗鱼，从来未曾往上进入河流中，而是留在潮水和带盐的河水水域。

这些忙于迁徙的鳗鱼身上开始出现了惊人的变化。逐渐地，那属于河流的橄榄色外衣正变成带有光泽的黑色，腹部则变为银色。这种颜色，属于那些将要开启海洋之旅的成年鳗鱼。它们的身体变得结实圆润，因为体内储存了脂肪——那可是在到达旅途终点前会用到的能量。有许多迁徙的鳗鱼的吻部已经开始变得更高更薄，似乎是为了获得更加敏锐的嗅觉。它们的眼睛比以往增大了一倍，也许是在为潜入越来越暗的深海通道而做准备。

在河流扩张至河口的地方，河水在南岸处流经了一个高耸的黏土悬崖。埋藏在这悬崖之下的是成千上万颗古老的鲨鱼牙齿、鲸的椎骨和软体动物的贝壳，这些残骸的拥有者早已在第一条从海洋游进这里的鳗鱼诞生前就死去了，历史久远得难以估量。这些牙齿、骨头和贝壳都是同一个时期留下来的纪念品，在那时，温暖的海洋仍覆盖着整个沿海平原，而这些生物留下的坚实的遗物落在了海底的淤泥中。它们在黑暗中埋藏了数百万年，每一次风暴都会将它们身上覆盖的黏土冲刷掉，使它们沐浴着温暖的阳光，体会着雨水的浸泡。

鳗鱼群花费了一周的时间前往海湾下游，在变得越来越咸的河水中匆忙赶路。水流的节律无论跟河水的节律还是海洋的节律都不一样，因为它受控于许多来自不同河口的全力奔赴海洋的漩涡以及三四十英尺下的河底的淤泥洞穴。退潮时的水势比涨潮时更加猛烈，因为涨潮时，迅猛的入海河水抵消了部分从海洋倒灌入河口的潮水带来的压力。

安圭拉终于来到了海湾口附近。伴随在它身边的还有数千条鳗鱼，如同那些将它们带到这里来的水流一样，来自数千平方英里内所有的山丘与高地，来自每一条竭力涌入海洋的小溪与河流。鳗鱼群沿着一道深邃的通道前行，这条通道与海湾东岸相连，通往一大片盐沼地。在沼泽之上，以及沼泽和海洋之间，有一片由海湾延伸出来的长形浅滩，里面长满了一片片绿色的沼泽禾草。鳗鱼群聚集于沼泽中，等待着跨越至海洋的最终时刻的到来。

第二天晚上，一股强劲的西南风从海上吹来，潮水开始上涨时，那股风在潮水的背后，一直把它推向海湾，涌进沼泽地。那一晚，鱼、鸟、蟹、贝等动物和其他沼泽地的生物都尝到了海水的苦涩。随着强风把巨浪推进海湾，深水里鳗鱼群也尝到了越来越浓烈的盐的味道。这些盐属于大海。鳗鱼群已经准备好要进入大海了，准备好迎接深海以及它为它们准备的、正在等待着它们的一切。它们的河流生活要结束了。

风力比太阳和月亮的引力更强劲，午夜后一小时，潮水发生了变化，开始退潮了。风推着厚厚的一层咸水继续往沼泽地上堆积，而底层的潮水则向大海退去。

潮水变化不久后，鳗鱼群开始向大海迁移。每条鳗鱼都在生命开始时经历过这样奇怪而强大的水流韵律，但它们在很久之前就已经忘记。因此潮退之初，它们迟疑地往前移动。水流带着它们经过两个小岛之间的水湾，来到一支停泊着的船队底下，这是捕牡蛎用的渔船，正在等待黎明到来。到了早晨，鳗鱼群将会游到很远的地方。水流带着它们经过标记着水湾位置的倾斜的杆状浮标，还经过了几个紧扣在沙子或岩石堆上的鸣笛浮标和钟浮标。潮水将它们带到了靠近较大岛的背风河岸，岛上有一个灯塔，长长的光线射向海洋的方向。

小岛的一个沙岬上传来滨鸟的叫声，此时它们正在退潮的海水中捕食。鸟叫声和海浪的碰撞声交织在陆地与海边的交界处。

　　鳗鱼群在碎浪带中挣扎，在黑色的水面上激起沸腾的气泡，在灯塔的闪烁下气泡呈现出白花花的颜色。一旦越过了被风吹动的碎浪，鳗鱼群就感到大海变得更加温柔了。它们沿着倾斜的沙丘往外游时，沉入了更深的水域中，它们的身体没有摇晃，丝毫不受海风与浪潮的影响。顺着退落的潮水，鳗鱼群逐渐离开沼泽地，奔向大海。

　　那晚成千上万条鳗鱼游过了灯塔，踏出了游向远海的第一步。所有的银色鳗鱼，实际上都曾经过那片沼泽地。当它们穿过海浪，游入大海，也就游出了人类的视线范围，甚至可能还游出了人类的认知范围。

冬日庇护所

　　满月潮再次来临的夜晚，白雪乘着西北风降临到海湾上。这如毯子般铺设的白雪在一英里一英里地漫延，覆盖了山丘、峡谷以及沼泽平原上那向着海洋流去的蜿蜒河流。旋转的雪成云横扫海湾，海风呼啸了一整夜，雪花坠落到海湾后也顿时消融在黑暗的海水里。

　　在二十四小时内，气温骤降了四十度。当清晨的潮水流经海湾出水口时，它触及的泥沼地都快速地凝结起来，铺上了薄薄的一层冰，而最后一波退下的潮水在返程过程中凝固成冰，没有流回海里。

滨鸟的鸣叫——包括矶鹬叽叽喳喳的叫声和鸻那钟声般的调子——也停息下来了。风在盐沼和潮滩上呼啸，这是唯一能听到的声音。平时在退潮即将结束时，鸟类都要跑到海湾的边缘，翻沙子来觅食；而今天，它们赶在暴风雪前就离开了。

早上的时候，伴随着空中旋转飘落的雪花，一群长着长尾巴的鸭子乘着风从西北方向冒了出来，它们是长尾鸭。这些长尾生物习惯于在冰天雪地和冬日寒风中生活，甚至会因暴风雪的到来而更开心呢。灯塔坐落于海湾入口处，长尾鸭穿过雪花看到雪白高耸的塔身以及塔后那片灰色海洋时，开始吵闹地对着同伴喊叫。年长的长尾鸭热爱海洋。它们会在海上度过整个冬天，在浅水域中寻找聚集成条的贝类生物群为食，每天晚上都会在碎浪带外的远洋中休息。如今，它们从暴风雪中冲出来——看起来就像成片的深色的雪——进入到海湾入口处那大片盐沼外围的浅滩中。它们整个上午都在水面二十英尺下铺满贝类的滩底如饥似渴地潜水寻找并捕食黑色的小贻贝。

一些在海湾岸边生活的鱼类仍然留在深处的洞里，远离下游处的出水口，其中包括了海鳟、石首鱼、平口鲳、海鲈鱼和犬齿鲆鱼。这些鱼都在海湾里度过了夏天，而且其中一部分还在这里的平原、河口或者深部的洞里繁殖后代；这些鱼类躲过了被刺网挂住的厄运，沿着海底随退下的潮水漂流而至——它们逃过了一个叫作建网的网状迷宫陷阱。

如今，海湾里的水已全部被冬日主宰，浅滩已经全部被冰层封住了；而河流从冬天的山上引来刺骨的冰水。于是，鱼类都转向了海洋。它们身体的每一部分仍记得那缓缓倾斜的平原，上面的海水从海湾口翻滚流走时带来的感觉；它们还记得平原边缘那片温暖、安静的水域和那里蓝色的黄昏。

暴风雪来临的第一夜，在沼泽地往海洋的方向有一片较浅的海湾，一群海鳟在那儿被寒冷困住了。这浅浅的水滩温度降得实在太快，使得那些喜爱温暖的海鳟顿时陷入瘫痪状态，只能待在海底，如半死一般。当潮水退回海洋时，这些海鳟无法随之返回，只能停留在这越来越浅的水域中。第二天清晨，浅浅的小海湾表面已是盖了一层冰，鳟鱼群也顿时牺牲了数以百计的成员。

另一群选择留在盐沼旁较深的水域的鳟鱼躲过了被冻死的厄运。两次大潮以前[1]，这些鳟鱼从位于海湾上游的觅食地出发，往

1. 即一个月前。——译者注。

下游到了通往海洋的水道。在那里，强势的潮水为它们带来了冰凉的河水，并将浅滩和泥滩抽空。

三个峡谷连成一串，整体形状看起来就像一只巨大海鸥用脚深深地踏在海湾口那柔软的沙子上留下的脚印。鳟鱼游到了其中一个峡谷中，进入了一个更深的通道里。通道的底部引导着鳟鱼继续往下游，一英寻接着一英寻，来到一片更加安静温暖的水域，下方是随着潮水摇摆的浓密的海藻丛。这里的潮水压力比浅滩斜坡上的要小，因为最强势的潮水运动基本上都在海水的上层。退下的潮水会沿着峡谷底涌入，一边冲刷一边激起沙粒，并将空心的鸟蛤壳连翻带滚地从缓和的斜坡往下冲到峡谷深处。

正当海鳟进入通道时，来自海湾上游的蓝蟹从它们的身下经过，从浅滩沿着斜坡往下滑，寻找深埋海底的温暖洞穴来度过冬天。蓝蟹悄然躲到了长在通道底部的茂密海藻丛中，与之一起的还有其他蟹、虾和小鱼。

海鳟赶在天黑退潮前进入了通道，其他鱼类都在天黑后不久的几个小时里通过水道游入潮水中，并乘着海水往海洋进发。这些鱼类都喜欢贴着海底，穿行于厚厚的海藻之间，而海藻也随着无数经过的鱼类的身体摇摆。它们是来自附近浅滩的石首鱼，被寒冷的气温逼着来到这里。这些石首鱼的队伍以排为单位，每三四条排成一队，停留在海鳟正下方，享受着水道里比浅滩暖和得多的海水。

清晨，水道中的光仿佛浓稠的绿色迷雾，因混合着的泥沙而显得朦胧。在比上次涨潮水面高出十英寻的地方，纺锤形浮标那红色的锥形筒正被海水往西推，对于来自海洋的船只来说，它就是进入通道的标志。浮标扯着锚链，并随着海水颠覆翻滚。海鳟来到了三条通道的交叉点——总体看来，就是这巨型海鸥脚的脚跟或是爪子的突起处，目标直指海洋。

在下一次退潮到来时，石首鱼沿着水道出发去海洋寻找那比海湾水更温暖的水域；而海鳟仍在这里徘徊。

在最后一次退潮将至的时候，一群雀跃的小西鲱经过通道赶忙往海洋游去。它们的身体只有手指一般长，鱼鳞亮得如白色的金属一样。它们孵化自那年春天产下的鱼卵，是最后离开海湾的了。成千上万条出生于那年的小鱼已经穿越了浅滩，经过了海湾那一半是淡水一半是海水的区域，准备迈进那片未知与陌生的无垠海洋了。小西鲱群迅速地游到海湾口那海水区域，为那新鲜的咸味以及海洋的节律感到无比兴奋。

虽然雪已经停了，但是来自西北方向的海风还不见停歇，它
一边将白雪吹起，堆得高高的，一边将表面零落的雪花卷入其
中，形成美妙的冰雪旋风。寒气严峻刺骨，将相对狭窄的河流都
冻住了，而捕猎牡蛎的船只也被紧紧地锁在海湾里。整个海湾的
边缘结上了坚硬的一层冰。每次的退潮都会从河流引入冰冷的河
水，使得海鳟所在的水道的温度不断地下降。

暴风雪后的第四个晚上，投映在海面的月色明亮无比。海风
将水面的亮光撕裂成无数的闪光亮块，于是海湾的整片水面都布
满了跳跃的亮片和抖动的亮条。那天晚上，在通道交叉处的海鳟
目睹着数百条鱼往它们头上那深邃的通道游去，并看着它们如投
映在银色光幕上的影子一般往海洋出发。原来，那些是另外一群
海鳟，它们此前一直留在海湾往上十英里处的一个九十英尺深的
洞里。那是某个通道的一部分，位于一条曾经被流往海湾的海水
淹没的古老河流。它们就躲藏于其中。那些停留在海鸥脚印似的
通道中的海鳟，跟上了这群来自深邃洞穴的移民的脚步，一同向
海洋进发了。

海鳟在离开通道之后，来到了一片满是翻滚沙丘的地方。这
些海底山丘比那些在多风海岸的山丘更加不稳定，因为这里没有

海燕麦和野燕麦的根部来让它们稳定住，它们挡不住那些来自大西洋深海的海浪，那些海浪在攀爬斜坡时会对山丘造成冲击。一旦遇上风暴，这些山丘就会移位，成吨的沙粒会随之堆积而起，或是被冲刷得四处散落，而这一切改变有时候只需要一次涨潮的时间就会完成。

海鳟在海底山丘游荡了一天后，它们往上游到了一片由潮水抚平的高处平原，那是沙丘地域与海洋的交界处。这片平原有半英里宽，两英里长，连接着一条较为陡峭的斜坡，一路平稳地通向绿色的深渊。浅滩原本离水面就只有三十英尺。有一次，西南风卷起了一股强劲的潮水，不但改变了海底沙丘的分布，还将一条开往海港的纵帆船给击沉了。船的仓库里还装了一吨重的鱼。这遇难的纵帆船名为"玛丽 B 号"，它的残骸散落在同样受潮水扰乱变形的海底沙丘上。随后，海藻从船只的碎片间以及桅顶处生长起来，长长的绿带子在海中摇曳，涨潮时会指向陆地，退潮时则会转向海洋。

遇难的"玛丽 B 号"一部分埋在了沙子里，与陆地形成了一个四十五度的倾斜角。一层厚厚的海藻在它的遮蔽处和右舷处长了出来。而原本用于储存鱼的仓库盖也在船只遇难时被破坏冲走了，因此如今那仓库看起来就像是在甲板斜坡上的一个阴暗的凹洞——已然成为喜阴生物热爱的海洋洞穴。如今，仓库里一半是被螃蟹扫掠后留下的鱼骨头——这些是船下沉时没被冲走的鱼。而舱面船室的窗口已经被海浪打碎了，同时，那巨浪也迫使"玛丽B号"沉入海底。所有生活在沉船附近的小鱼都将窗口当作进出通道，还会一点点地啃咬那些围绕着窗户长出的生物。银色的月鲹、白鲳和鲀的小队络绎不绝地通过窗户进进出出。

"玛丽B号"如今是这数英里内海洋沙漠中的一片生命绿洲，是无数海洋小生物赖以躲藏的地方，这些生物大多都是一些体形微小的无脊椎动物。小鱼们则可以在围绕着残骸的木板或杆子生活的动物中寻找猎物；而体形较大的捕猎者和海洋中的漫游者们则把这里当作藏身之处。

当最后一丝绿光也消退至灰色时，海鳟游到了投下大块阴暗的残骸旁。吃了一些在船边找到的小鱼和螃蟹，总算缓解了旅途带来的饥饿感——源自其为了躲避寒冷而迅速从海湾出发，长途跋涉来到这里。随后，它们选择在"玛丽B号"那长满海藻的木板旁度过今夜。

海鳟群无精打采地停留在沉船上方的水域里，那也就算是睡觉了。它们轻轻地摆动着自己的鱼鳍来保持自己与沉船残骸的距离，也同时以此保持彼此之间的距离。浅滩里的海水，正沿着斜坡从海洋缓缓地往上爬。

黄昏时，蜿蜒的小鱼队伍不再从窗户进进出出，也不再从腐木上的洞里穿行了，它们朝四周散开，各自在沉船附近寻找地方休息了。在冬日的海洋里，黄昏来得更早，迅速唤醒了生活在"玛丽 B 号"附近的大型捕猎者。

一条纤长的蛇形手臂从原本用于装鱼的漆黑的洞中伸了出来，以手臂上两排吸盘抓住了甲板。这样的手臂一条接一条地往外伸，最后总共出现了八条，紧紧地吸着甲板，同时，黑色的身影也在吃力地从仓库中往外爬。这生物是一只八爪鱼，生活在"玛丽 B 号"的仓库里。它掠过甲板，滑进了舱面船室，并在下方墙壁附近的隐蔽处将自己躲藏起来，开始一夜的捕猎之旅。当待在那老化并长满海藻的木板上时，它的手臂一直忙着四处伸展，从未静止过，探索并感受着每一处熟悉的缝隙和缺口，寻找着警惕不足的猎物。

八爪鱼才等了没一会儿，一条小青鲈就出现了。那时候，小青鲈正蹭着甲板室的墙壁往前游，盯着它想要啃食的依附在木板

上的苔藓似的水螅体。小青鲈并未也意识到危险就在身边，反倒
是越游越近了；而八爪鱼则在耐心地等待着，眼睛紧紧地盯着那
移动的小身影，原本在四处探寻的手臂都也静止下来了。小鱼来
到了舱面船室的角落处，探出身子来，和海底形成四十五度角。
在角落附近有一条长长的触手伸了出来，触手的端部敏感无比，
将小青鲈围了起来。小青鲈使尽全力想要挣脱紧扣的触手，但触
手的吸盘牢牢地吸在了它的鳞片、鳍和鳃盖上，并迅速地将它带
到了等待着的大嘴里，用锋利如鹦鹉喙般的角质腭残忍地将它撕
成碎片。

当天晚上，这条守候的八爪鱼抓了好多在触手可及范围内游
荡的鱼和螃蟹，因为这些猎物的警戒心都不强；同时它也会时而
移到船骸外部的水域里捕猎从远处游过的鱼。随后，它便开始利
用那松垂如囊的身体来移动，通过从体管喷射出水柱来推动自
己。由于那些环绕的手臂和抓力十足的吸盘甚少失手，因此那原
本在折磨着这生物的饥饿感也逐渐得到了缓解。

当"玛丽 B 号"船头下的海藻还在糊里糊涂地随着潮水摇曳
时，一只大龙虾从自己藏身的海藻丛里探出头来，向偏海岸的方
向前进。在陆地的时候，龙虾那笨重的身体约为三十磅重，但在

海底的时候，海水的浮力使得它可以更加灵活地踮着四对细长的
足来移动。龙虾那可将东西碾碎的大爪子（又称为"螯"）勇猛
地伸在身体前方，随时准备捕猎或攻击。

龙虾沿着船只往上走，在布满藤壶的船尾上停了下来，它要
捕食一只在那层白壳上悄然爬行的大海星。龙虾用最前方的螯将
扭曲的海星送到嘴里，然后再用其他多节附肢繁忙地把那满身是
刺的生物往咀嚼的嘴里塞。

龙虾只是吃了海星身体的一部分，就将剩下的扔给清道
夫——螃蟹，随后继续在沙地上移动捕猎。它曾经也停下来忙着
挖沙寻找蛤，并且一直以来都用它那纤长敏感的触须在水中回
旋，寻找食物的味道。龙虾最后还是没有找到蛤，便走到了阴影
之下继续一夜的狩猎了。

在黄昏降临之前，一条年幼的海鳟发现了生活在船骸里体形
排行第三的捕猎者。这位第三大的猎人是鮟鱇，一种掠夺其他动
物居所、长得奇形怪状的生物，宽阔深长的大嘴里长着数排锋利
的牙齿，整体看起来倒有点像风箱。在那大嘴之上，还长着一根
怪异的须子，好似一根柔软的钓鱼竿，末端还自带鱼饵——一
块叶状的肉。鮟鱇身体大部分地方都长着皮质穗，还会在水中飘

扬，这让它看起来酷似一块长满海藻的石头。两片厚实的肉鱼鳍——感觉它们更像是水生哺乳动物的鳍状肢，而不像鱼鳍——从身体两旁突出，鮟鱇在水底游动时就是依靠着两个鱼鳍来将自己往前推的。

当年轻的海鳟遇到鮟鱇鲁菲恩（Lophius）的时候，鲁菲恩正在"玛丽 B 号"的船头处栖息。鲁菲恩一动也不动，扁平头顶上的两只邪恶的小眼睛时刻注视着上方。它部分依靠海藻做掩护，整体轮廓则因那烂布条一般的松动皮肤而变得模糊，因此，在残骸区域中，只有最警惕的鱼类才能够看到鲁菲恩。刚才的海鳟是新诺思恩（Cynoscion），它并没有发现鲁菲恩，事实上，它只看到在一英尺半外的沙地上有一个颜色鲜艳的小东西在水中晃荡。这个物体是会动的，上下摇摆。小虾或蠕虫或其他小型可食动物都被新诺思恩看到的这个景象吸引了过去，新诺思恩也往下游想去探个究竟。当它离诱饵还有两个自己身长的距离时，有一条小白鲟从外水域游了过来，并开始啃咬诱饵。说时迟那时快，在前一刻还只是长着随潮水摇曳的无害海藻的地方，突然闪现出两排锋利的白色牙齿，而小白鲟也立即消失在鲁菲恩的嘴里了。

突如其来的改变瞬间激起了新诺思恩的恐惧感，并促使它立刻弹走，躲藏在腐烂的甲板木块下，鳃盖随着吸气频率的增加而更加快速地开合。鲁菲恩的伪装完美得使新诺斯恩根本就没有看到它的身体，而唯一的警告只有那突然闪现的牙齿和顿时消失的白鲟。随后，新诺思恩又继续盯着那颤抖摇晃的诱饵，目睹了三次这样的事件：其中，落网的有两条青鲈、一条身体扁平竖立的银色月鲹。三条鱼都是在碰到诱饵之后瞬时消失在鲁菲恩的嘴里。

在黄昏过渡至黑夜这段时间里，新诺思恩在腐烂甲板木下没有看到更多的鱼落网了。但随着夜里的时间慢慢流逝，它会不时感受到下方有只巨型动物在突兀地移动。大约午夜之后，那些来自"玛丽 B 号"船头下方的海藻丛中动静都消失了，因为那时候鲁菲恩已经放弃那些数量不多的前来探望诱饵的小鱼，离开这里去捕更大的猎物了。

一群绒鸭来到了浅滩上的水域休憩过夜，它们起先降落在离岸只有两英里的地方，但流淌的海水遇上了海底严峻的地势，破裂成许多涌浪在它们身下经过。而在潮水转为落潮后，海水还在绒鸭周围深色的海水上形成了泡沫。海风向岸边吹去，与潮水运动的方向逆行。海水惊扰了睡梦中的绒鸭，迫使它们飞到了浅滩的外边缘，那里的海水相对恬静。绒鸭再一次降落在碎浪带向海一侧，它们将身子潜得相对较低，就像是满载货物的纵帆船。虽然它们都睡着了，部分甚至将脑袋埋在了肩膀的羽毛下，但还是得时不时用蹼足来抵挡快速流动的潮水，稳住自己的位置。

东边的天空开始变亮了，浅滩边缘的海水也逐渐从黑色变成灰色。这些漂浮的绒鸭从水下看起来就像是椭圆形的影子，外围包裹着带银色光泽的空气，嵌在它们的羽毛和水面之间。绒鸭被下方一双小眼睛盯着，而这双充满恶意的眼睛则是属于某种游泳缓慢，在水里动作笨拙的动物——一只长得像扭曲的大风箱的动物。

鲁菲恩非常确定这些鸟就在附近，因为它们的味道和气息在水中非常强烈，而这些水会从它那布满味蕾的舌头和敏感的口腔皮肤穿过。甚至在渐强的光照将水面的阴影带入鲁菲恩那锥形的视野范围之前，它就已察觉到绒鸭用脚拍水激起的磷光。鲁菲恩在过去也见过这种亮光，而这通常意味着那些鸟类正在水面休息。它的深夜潜行只带来了几条中等尺寸的鱼，远远不够填饱肚子，按它的食量，两打大鲱鱼或六十条鲱鱼，或是一条和自身一样大的鱼，它都能吃下。

鲁菲恩摆动着鱼鳍往上进发，游得更接近水面了。它选择了一只离其他伙伴稍微远的绒鸭，并游到了它的下方。这只鸭子已经睡着了，喙也埋在羽毛之间，脚在身体下方悬摆着，在它能够意识到自己所处的危险境地之前，一个长满利牙的嘴巴张开到接近一英尺的宽度，一下子咬在它的身上。惶恐之下，绒鸭用翅膀不断拍打水面，尚能活动的那只蹼足也在摆动，尝试离开水面飞起来。通过一次猛然发力，它开始从水面升了起来，但鲅鳇身体的重量将它拖住，扯了回来。

这只难逃厄运的绒鸭的绝望的叫声和它拍打翅膀的声音为其同类传去了警报，水面顿时一片纷乱，绒鸭群中剩余的成员都起飞离开，迅速消失于海面上的薄雾中。受害绒鸭的一只脚被扯断了，它的动脉喷出一股鲜红色的血。当它的生命逐渐从鲜红的血液中流逝时，它的挣扎也越来越无力了，最终，大鱼获胜了。鲁菲恩将绒鸭扯到水下，并带着它离开被鲜血染红的水域，此刻，一条鲨鱼也在阴暗的角落出现了，它是被血腥味吸引来的。鲁菲恩将绒鸭拖到了浅滩的海底，并整只吞下——它的胃具有强大的扩张能力。

半小时之后，新诺思恩正在船骸附近捕食小鱼，它看见鲅鳇正在返回位于"玛丽 B 号"船头底下的洞穴，用像手一样的胸鳍将自己从海底往上推；它还看到鲁菲恩潜入了船骸的阴影下，进入船头下方摇曳的海藻中。鲁菲恩在接下来的几天里将进入休眠状态，以消化这顿大餐。

日间的时候，海水微微变凉，变化细微得近乎无法察觉；而到了下午，退潮水会从海湾引入一大股冰冷的海水。那天傍晚，海鳟群被寒冷逼迫得要离开残骸区域，连夜往海洋游去，沿路经过在其下方稳步下斜的平原。它们贴着平滑的沙质海底前进，时而会向上游来躲避土堆或者是成堆的残破贝壳；它们在不知疲倦地赶路，迫于严寒而甚少休息。时间一小时一小时地过去，它们头顶的海水变得越来越深了。

鳗鱼群一定也经过了这条路，穿过了水下山丘，游历了往下倾斜的成片海底草原。

在接下来的几天里，海鳟群停下休憩或进食时，常常会被其他种类的鱼群突袭，它们也会经常遇到许多不同种类的正在捕猎的鱼群。这里的鱼类来自海岸线周边数英里的所有海湾和河流，大家来到这里都是为了躲避寒冷。一部分来自遥远的北方，如罗得岛和康涅狄格州的沿海水域，又或者是长岛的海岸区。这些鱼类是变色窄牙鲷，它们的身体扁平，背部高拱，鱼鳍刺利，还全身都覆盖着片状的鱼鳞。每年冬天，变色窄牙鲷都会从新英格兰地区出发去切萨皮克海角，随后再在春天的时候回到北方的水域繁殖后代，然后还会落入陷阱或是被快速收起的围网抓住。海鳟沿着大陆架游得越远，它们就会越经常看到变色窄牙鲷群以一团模糊的绿色的状态出现在自己面前。这些体形颇大的铜色的鱼会在海底时上时下地挖地，寻找蠕虫、饼海胆和螃蟹，然后会将食物带到一英寻以上或者更远的地方去咀嚼。

有时候，这里也会有鳕鱼群出现，它们通常是从楠塔基特岛的浅滩出发到南方比较温暖的水域过冬。部分鳕鱼会在这片陌生的水域繁殖后代，将后代交付给洋流，这些后代很有可能随着洋流远去，永远都回不到鳕鱼在北方的家。

气温仍在不断下降，就像是在海中有一堵墙在沿着滨海平原移动，虽然它看不见也碰不到，但却是实实在在的一片屏障，效果和由石头般坚实的物质组成的墙壁差不多，没有鱼敢穿过它往回游。在气温较温和的冬天里，鱼类会四散分布在大陆架上：石首鱼会稳稳地贴着海岸；犬齿鲆鱼则遍布所有沙地区域；变色窄牙鲷会跑到所有具备丰富食物的倾斜的幽深峡谷底；海鲈鱼则选

择留守于每一片岩地。但今年，寒冷将它们全部都一英里一英里
地驱赶到大陆架的边缘——那是深渊的边缘。在那片安静的水域
里，墨西哥湾流带来了温暖，而它们也找了冬日的庇护所。

正当来自所有海湾和河流的鱼类都在沿着大陆架往外游的时
候，船只也正在向南方的海洋区域航行。这些船只形状短矮，线
条缺乏美感，在冬日的海洋里颠簸前行。这些是来自许多北方港
湾的拉网渔船，特意来到鱼类的冬日庇护所捕猎。

仅仅是在十年前，海鳟、犬齿鲆鱼、变色窄牙鲷和石首鱼在
离开了海湾之后就可以免受渔民的渔网威胁了。直到有一年，船
只突然出现了，还拖着像长袋子一般的渔网。这些渔船是从北方
南下来到这里的，并从海港开始沿着海底拖拽它们的渔网。最开
始的时候，它们一无所获，什么也没抓到。一英里又一英里地，
它们开始去得更远，终于，渔网在拉上来的时候满载食用鱼。某
些鱼类——它们夏天生活在海湾以及河口水域——靠近岸边的冬
歇地被渔民发现了。

自那时起，拉网渔船在每年冬季都会来到这里，并带走数
百万磅的鱼类。如今，它们已经在路上了，从北方的渔港南下至
此。有专门捕猎黑线鳕的来自波士顿的拉网渔船，也有来自新贝

德福德捕猎鲱鱼的小型拖网渔船；有从格洛斯特前来捕捉红鲑的渔船，也有从波特兰出发来捕鳕鱼的渔船。在南方水域进行冬渔相对而言比在斯科舍海岸或是大浅滩容易；甚至比在乔治斯浅滩、布朗斯或是英吉利海峡更容易。

然而今年的冬天实在是寒冷；所有的海湾都已冰封，海洋也布满了冰块。鱼类都往外跑得太远了，足有七十英里，甚至一百英里，它们躲在深达一百英寻的温暖海水中。

船只的甲板因喷起的海水结了冰而变得十分光滑，而拖网在甲板上堆满了。拖网上的网洞都因结冰而变得僵硬，所有的绳索和金属缆绳因结霜而嘎嘎作响。拖网沉入百英寻深的海水，途中穿越冰块、冻雨、跌宕起伏的海水和呼啸的狂风，来到一个温暖寂静的地方，一个鱼群在蓝色的薄暮中捕食的地方，一个处于深渊边缘的地方。

回归

　　鳗鱼到繁殖地的旅程全都隐藏在深海之中。没有人可以追踪到它们的踪迹——它们是如何在那个十一月的夜里，从海风与潮水中感受到温暖海水的气息后，从海湾口的盐沼启程出发到深深的大西洋盆地，来到百慕大群岛南部以及佛罗里达往东约为五百英里处的。也没有明晰的记录可以解释除此之外的鳗鱼群在秋天的迁徙方式，它们是如何将处于从格陵兰（丹）到美洲中部的大西洋里的所有河流和溪流中的同类集中起来，一同奔赴大海的。

没有人知道鳗鱼群是如何到达它们共同的目的地的。也许，它们躲开了那浅绿色的表层水域，因为那里已被冬风吹得冰凉，而且还明亮得如同那些它们因惧怕光亮而不得不在日间潜入其底部的山间小溪。也许，它们其实是选择了在中间深度的水域中或是沿着缓和下滑的大陆架前行，游过那些被它们出生出河流淹没的峡谷，而那些河流在数百万年以前还曾在沿岸平原上划出一条条水道。但不知怎么，它们却到达了大陆的边缘，这里泥泞倾斜的海墙陡然下降，于是它们便开始前往大西洋最深的深渊。它们的后代将会在那片深海的黑暗中出生，而年长的鳗鱼将逝去，再次成为海洋的一部分。

二月上旬，数十亿粒的原生质在黑暗中漂浮，停留在远离海面的深海中。它们是刚孵化不久的小鳗鱼——也是那些亲代鳗鱼留下的唯一证据。这些小鳗鱼在生命的初期都生活在海面与深渊之间的过渡水域中，它们头上是成千英尺的海水，吸尽每一缕太阳的光线。只有那些波长最长、亮度最强的光线可以传达到鳗鱼漂游的水域——那是一片寒冷贫瘠的水域，只有少数的蓝色可见光和紫外线遗留了下来，而所有的红色、黄色和绿色光线都被过

滤了。一天中有百分之五的时间，上方会悄然投下一道陌生而清
晰的神秘蓝光，打破那片黑暗。但是，只有正午的太阳发出的笔
直纤长的光线才能驱赶黑暗，继而进入深海中这无法辨别出是日
出还是日落的时刻。蓝色的光线很快就消退了，而鳗鱼也再次回
归到漫长的黑夜生活中。只有海渊比这里更黑，那儿的黑夜可是
从不见尽头的。

　　刚开始的时候，小鳗鱼并不了解它们所处的这个陌生世界，
只是在水里颇为被动地生存。它们并不会寻找食物，依靠食用残
留的胚胎组织来支撑自己那叶状的平坦身体的运行，因此，它们
并没有在邻里之间树立任何敌人。凭借着自身体形的优势以及身
体组织与海水的密度区别，它们漂浮起来也是毫不费力。它们的
身体不带任何颜色，就像无色水晶一样。即使那些依靠心脏极其
微弱的泵动而流淌于血管中的血液，也是不带任何色素的；只有
微小得如针孔的黑色眼睛带有颜色。由于无色透明，小鳗鱼更适
合生活在海洋中这片迷蒙的水域里，因为在这里，只需要和周围
的环境融为一体就能避开那些饥饿的捕食者。

　　数十亿的小鳗鱼——数十亿双如针孔般的黑色小眼睛在凝望
着处于海渊之上的这个古怪的海洋世界。展现在鳗鱼眼前的是成

团的在永不停歇的生命之舞中颤动的桡足类动物，当蓝色的光柱从上方穿行而下时，它们还会如尘埃般捕捉亮光。明亮的钟状物在海水中有规律地跳动，这些脆弱的水母早已习惯了承受每平方英寸的身体表面受到五百磅重的海水挤压的生活。成群的翼足目软体动物，又称带翅蜗牛，在观望的鳗鱼眼前从上方冲了下来，挡住了射下的光柱。它们的身体因反射的亮光而闪耀，整体看起以来就如一场冰雹雨——不过这些"冰雹"都奇形怪状，有的像匕首、有的像螺线，还有圆锥形的，全都如玻璃般透亮。闪烁着微弱亮光的虾就像苍白的鬼魂般若隐若现。有时候，这些虾会被浅色的鱼追逐、捕食。这些鱼长着圆形的嘴和松弛的皮肤，协腹上长着数排发光器，就像戴着饰物一样。而小虾经常喷出一道道发光的液体，这些液体随后会化作燃烧的云团，以迷惑敌人、扰乱视线。鳗鱼能遇到的大多数鱼都披着银色盔甲，银色是太阳光线能达到的最深的水域中动物们的主要颜色，或者说是标志性颜色。小蝰鱼就是这种银色的，它们的身体纤长，游泳时张开的嘴中会露出锋利闪亮的利牙，它们无止境地漫游并寻找猎物。最奇怪的是一种只有人手指一半长的鱼类，它们长着皮革材质的皮肤，闪耀着蓝绿色与淡紫色夹杂的光泽，胁腹处更是闪烁如水银。它们的身体两侧之间距离很窄，侧边则呈锋利的锥形，因此，当敌人俯瞰它们时，经常什么都看不到，更何况，这褶胸鱼的背部呈与漆黑的海洋颜色相近的乌青色，因而它们近乎隐形。而当海中的捕猎者从水下仰望褶胸鱼时，它们也不免困惑，无法准确地辨认出它们的猎物，因为褶胸鱼身体两侧的胁腹如镜子一般反射出海水的蓝色，使得整个轮廓隐匿于一片闪烁的微光之中。

小鳗鱼只生活在海洋中所有成层叠加分布的水平群落体系中的一层。在表层水域飘荡的褐色马尾藻的叶子间，有沙蚕转动着如丝般的脚在移动；在海渊底部的软泥地上，也有颤颤巍巍地爬行着的蜘蛛蟹和海虾。

鳗鱼上方是阳光所及的领域，植物能够生长，小鱼也在太阳底下闪着绿色或蓝色的光泽，如水晶般通透的蓝色水母则在表层水域中移动着。

往下就到了过渡水域，在这里的鱼类基本都是乳白色或者银色的，红色的虾会产下亮橙色的卵，圆嘴鱼颜色很浅，发光的器官在黑暗中闪烁。

再往下就到了第一层黑暗海水区。这里找不到身披银色或带乳白色光泽的生物，每个物种都毫不例外地换上了与其生活水域相匹配的沉闷色调，长着单调的红色、褐色或是黑色皮肤，以便隐匿在周边的环境中，延迟命丧敌人之口的期限。在这层水域里，虾产下的卵是深红色的，而圆嘴鱼则是黑色的，还有许多生物会长着发光的"火炬"或是大量成排或围成特定图形的小亮点，它们会通过这些亮光来辨别敌友。

再下面就是海渊了，海洋中最为原始的底部水域，整个大西洋中最深的区域。海渊变化极慢，几年时间对于这里来说微不足道，季节变更更是毫无意义。太阳在这一深度起不了任何作用，因此这里的黑暗没有尽头或开端，也无所谓程度变化，哪里都是均匀不变的漆黑一片。数英里以上的水面热带区的炽热的阳光也无法削弱海渊水域的刺骨寒冷，这片水域的温度从冬天到夏天并不会发生多大变化，数年、数世纪或是数个地质时期的时间流逝对其改变也不大。洋流是沿着海洋盆地的底部缓慢行进的冰冷的海水，从容坚定得就如时间本身的流逝一般。

再继续往下一英里一英里地降——总共超过四英里——就是海洋的底部，那里铺着一层厚厚的软泥，那是用了无限长的时间积聚而成的。大西洋最深处铺满了红黏土，那是一种浮岩[1]状的

---

1. 浮岩，一种多孔状喷出岩，可浮于水上。

沉淀物，它们来自地球底部，时不时会从海底火山喷发出来。和浮岩状沉淀物混杂在一起的是由铁和镍组成的小球，它们源自某些遥远的恒星，在星际空间穿行了数百万英里，经过地球的大气层的打磨，最终葬于深海之中。在大碗似的大西洋的内壁的上方，铺着厚厚的、混有表层水域的小生物的残骸的软泥，其中包括星形有孔虫的壳、海藻和珊瑚的石灰质残余、放射虫燧石状的骨骼以及硅藻细胞。但早在这些脆弱的物质落到海渊最深处之前，它们会被降解，成为海洋的一部分。在这些有机残余物中，能够不被降解而最终到达这寒冷、寂静的海洋底部的，几乎只有鲸的耳骨和鲨鱼的牙齿。在这漆黑与寂静之中，红色的黏土上堆着鲨鱼的祖先种的残骸，这些鲨鱼或许在鲸出现之前就存在了，或许比巨型蕨类植物在地球上大量繁殖的时间更早，甚至可能比煤层的铺垫来得更早。所有这些鲨鱼的肉体都已经在数百万年前就回归海洋，被一次又一次地用于塑造其他生物，但是，包裹着一层来自遥远恒星的铁的牙齿在深海中仍随处可见。

百慕大群岛南面的海渊是来自西太平洋和东太平洋的鳗鱼的汇合地。虽然在欧洲与美洲之间还有其他深海区域，例如在海底连绵的山峰间的下凹裂缝，但只有这里才能够满足它们对于深度和温度的要求——这些对于鳗鱼繁殖后代来说都是必要条件。因此，来自欧洲的成年鳗鱼每年都会游过三四千英里来到这里，而来自美洲东部的成年鳗鱼每年也会来到这里，仿佛就是为了遇见欧洲鳗鱼一样。部分鳗鱼会选择在马尾藻海的最西边汇合并交配——这些鳗鱼是从欧洲出发的鳗鱼中向西游得最远的以及从美洲出发的鳗鱼中向东游得最远的。因此，在这鳗鱼的大型繁殖地的中间，这两个物种的鱼卵会并排地漂浮着。它们长得非常像，以至于只有极其仔细地数它们脊椎的脊骨数和旁边的肌肉的块数，才能将它们区分开来。一部分鳗鱼在幼体阶段即将结束时，会出发去寻找美洲海岸，而其他的，则会启程前往欧洲的海岸，从来没有鳗鱼会误入对方的领地。

随着一年里的日子一个月一个月地过去，小鳗鱼越长越长，越长越宽。随着它们身体的成长和身体组织密度的改变，它们开始漂到了光照得到的地方。如同春天的北极一样，在海洋中向上层水域漂移时的光照也是逐日增加。渐渐地，正午那朦胧的蓝光持续时间越来越长，漫长的黑夜缩短了。不久之后，鳗鱼来到了第一束穿透海水、温暖了蓝色的海水的绿色光线所到达的水域。然后它们便转移到植物区，开始寻找它们的第一份食物。

那些可从经海洋过滤后剩余的阳光中吸收足够的维持生命的能量的植物都是微小的浮游球体。小鳗鱼通过食用古老的褐藻细胞来滋养自己那如玻璃般清透的身体。褐藻这种植物存活了多少年已经难以估量，它们在第一条鳗鱼出现前就已存在，甚至在任意一种脊椎动物开始向海洋迁移前就已经存在了。在这亿万年里，不同的生物群体经历了繁盛与衰亡，而这种含有石灰的海藻却一直生活在海洋中，不断形成它们的石灰质保护层，而且这些石灰质保护层的形态与形状一直都没变，仍然与自己远古祖先的一样。

不是只有鳗鱼会吃褐藻，在这蓝绿水域里，海水因大量的桡足类动物和其他浮游生物而变得浑浊，它们都吃褐藻；水里还散落着一些捕食桡足类动物的、看起来像虾一样的小动物；还有追捕虾的银色的闪亮小鱼将海水点亮。小鳗鱼本身也会被饥饿的甲壳动物、枪乌贼、水母和会咬的蠕虫捕食，与此同时，它们还得留意大量在海中张着嘴、利用鳃耙来过滤海水中的食物的鱼类。

夏季过半的时候，小鳗鱼们已经长到了一英寸长，体形呈柳叶状——这是最适于在水中漂游的体形。如今，它们已经浮到表层水域了，在这浅绿色的海水中，敌人可以看到它们那两只黑色的眼睛。它们可以感觉到海浪的上涌与翻滚，可以在开阔海洋那

澄清的海水中感受到正午艳阳的炫目亮光。有时候，它们会游到
漂浮的马尾藻丛中，很可能是为了在飞鱼的巢穴下寻求庇护，而
在空旷海域中，它们会藏在僧帽水母蓝色的浮囊下。

　　在这表层水域中，洋流一直在涌动，小鳗鱼也随着水流漂
移。相似的鱼类都被一同卷入了北大西洋的涡流中——它们是来
自欧洲的小鳗鱼和来自美洲的小鳗鱼。它们在水中漂流的队伍就
像一条壮观的河流，这条"河流"由来自百慕大群岛南边的海水
和无数的小鳗鱼构成。在这条由鲜活的生命组成的"河流"中，
至少在某个地方，两种鳗鱼是并排而行的，不过现在它们已经可
以被轻易地分辨开了，因为来自美洲的鳗鱼的体长已经几乎是来
自欧洲的鳗鱼的两倍。

　　洋流的轨迹是一个巨大的圆，从南边出发，掠过西边与北边。
夏日即将结束，海洋中的播种与收获都已经逐一完成了：春日里，
硅藻蓬勃生长，撑起了以此为生的成群的浮游生物，而浮游生物
又养育了无数条幼鱼。如今，秋日的平静即将降临海洋了。

　　这些小鳗鱼如今已经远离出生的地方，而向前游的队伍也开
始分成两个方向，一道往西，一道往东。在此之前，这群生长迅
速的鳗鱼体内一定出现了一些微妙的变化 ——一些引领它们在不

断流动的表层水域的宽广河流上不断往西前进的变化。当它们的体形终于要从幼鱼的叶状变成和父母一样浑圆、婀娜时，它们体内那想要追寻更淡、更浅的水域的本能也越来越强了。如今，它们发现了过去不曾用过的内在的肌肉力量，发力顶着强劲的风与洋流，往岸边游去。在本能盲目却强大的驱动下，它们那娇小、透明的身体的每一个动作都下意识地朝向一个它们自己并不清楚的目标——一个深深印在这个物种的集体记忆中、促使每一个成员都毫不犹豫地向着它们的父母游出来的海岸前进的目标。

一些本应该回到大西洋东边的鳗鱼仍漂浮于属于大西洋西部的鳗鱼群中，而它们中没有谁有离开深海的冲动。如今，它们身体的成长都已变得更慢，再过两年它们才能做好准备向成年鳗鱼的体态转变，过渡至淡水中生活。因此，它们现在还乘着洋流被动地漂流。

另一群拥有叶状外形的旅行者，如今正游在向东穿越大西洋的途中。再往东，在与欧洲海岸同纬度的地方，还有另一支漂流的鳗鱼幼鱼队伍，它们刚过一岁，已经长到了成年鳗鱼的长度。在那特定的季节中，第四队鳗鱼幼鱼已经到达它们那了不起的旅程的终点，开始进入海湾和水湾，并将沿着欧洲的河流往上游。

对于要到达美洲的鳗鱼而言，旅程会短一些。在冬季中期，鱼群就已经沿着大陆架往海岸前进了。虽然海水已经被水面上冰冷的海风吹的刺骨的冷，而太阳也十分遥远，但是迁徙的鳗鱼依旧坚持游在海水表面，不再依赖那见证它们诞生的海洋拥有的温暖。

当小鳗鱼继续向着岸边前进时，另一群鳗鱼正从它们身下经过。那是已经成熟的一代鳗鱼，它们身披属于鳗鱼的黑色与银色的光辉，正在返回出生地的路上。两群鳗鱼相交而过却没有认出对方——这两代的鳗鱼，一代正要迈入新的生活阶段，另一代则要投入深海的幽暗中。

随着它们逐渐接近海岸，海水也逐渐变浅。小鳗鱼换上了新体形，它们沿着河流往上游。它们原先那叶状的身体变得越来越紧凑了，较之前更短、更窄，原先那扁平的叶片变成了厚实的圆柱体。它们幼年时期的大牙已经脱落，头部变得更圆了。虽然沿着脊椎长出了一些分散的色素细胞，但小鳗鱼仍如玻璃一般透明。在这个阶段，它们被称为幼鳗。

如今，这属于深海的生物，在灰色的三月的海洋里守候着，准备进军陆地。它们静候在泥潭旁、溪流边、墨西哥湾的野生稻田旁，还有南大西洋的水湾处，准备着冲入海湾以及河口边那绿色的沼泽地里。它们待在被冰阻挡的北面的河流边，这河流带着春汛的奔腾汹涌，如伸长的手臂般向海洋注入淡水，这让鳗鱼们品尝到了陌生的水的味道，它们兴奋地向着水源游。数以十万计的鳗鱼在海湾口旁等待着，就在一年多前，安圭拉和它的同伴就是在同一个地方出发向深海游去的，它们盲目地遵循着物种延续的规律，如今，这个目标在幼鳗的回归中达成了。

鳗鱼群正在逐渐向陆地上那细长的白灯塔靠近。海鸭——花斑长尾鸭——每日下午从海岸附近的进食地出发，在海上绕一大圈后，在黄昏时分猛烈地拍着翅膀赶回来时，就会看到灯塔。鸣叫的天鹅——春日向北迁徙的天鹅群与身下的碧海和海上的日出相映成画——也看到了灯塔。领队的天鹅在看到灯塔的时候吹出了一个三连音，因为看到灯塔就意味着快到休息地了，那将是这次从卡罗来纳海湾到北极荒芜之地的长途旅程中的第一次休息。

空中的满月引得潮水涌得极高。潮退之时，海湾口的鱼类虽仍身处海洋，却强烈地感受到了淡水的味道，因为所有的河流都已满溢。

月色之下，小鳗鱼看到水中满是那些腹部饱满、长着银色鳞片的大鱼。这些鱼是西鲱，它们刚从海中的聚食地返回，正在等待冰块冲出海湾，以便它们溯河而上，繁殖后代。成群的石首鱼在水底待着，它们的鼓动鳔在振动在水中散了开来。石首鱼、海鳟和平口鳊都是从它们于离岸地区的冬歇地前来的，在海湾里寻找觅食地。其他鱼类则是在潮水中面对逆流，盼望着能够抓住一些被快速穿流的潮水冲走的小型海洋动物，而这些可是属于海洋，从不愿意往河流上游的鲈鱼。

月亮渐见亏损，潮水亦逐减弱，小鳗鲡使劲地往海湾口游去。不久以后，这样的一夜会到来：大部分的雪都融化了，并以水流的形式奔向海洋，那时候，月光和潮水会变得非常虚弱，而一场温暖的雨水会从天而降，带来厚厚的雾气，却因初开的花蕾而变得苦甜参半。然后，小鳗鲡会成群涌入海湾，沿岸直上，找到它们的河流。

它们中的部分成员会徘徊于河口，因为那儿的水仍与海洋接触，会而略带咸味。些是雄性小鳗鱼，它们很排斥淡水带来的陌生感。而其雌性的同类则会奋力继续前进，抗衡着河流中水流的压力。就和自己的母亲在过去一样，它们会披星戴月地在河流里赶路。它们的队伍有数英里长，在河流与小溪的浅滩中蜿蜒而上；它们的队伍紧凑，紧紧贴着游在自己前面的小鳗鲡的尾巴；整体看起来就像一条巨型的蟒蛇。没有困难或障碍可以阻止它们的前进。许多饥饿的鱼类会对它们虎视眈眈：海鳟、鲈鱼、小梭鱼、甚至是更为年长的鳗鱼；除此以外，在水边捕猎的老鼠、海鸥、白鹭、翠鸟、乌鸦、鸬鹚和潜鸟也想猎捕它们。而小鳗鲡则会成群地涌到瀑布中，攀爬到长满苔藓，被水花溅湿的岩石上；它们会通过扭动身体去到水坝的泄洪道中，部分还会往前继续游上数百英里——这些原属于深海的生物，如今却是遍布那片海洋曾多次占据的陆地。

而当鳗鱼群停留在远离海岸的三月海洋中等待进入那片原是陆地的水域里时，海洋，也同样不安分地等待可以再次侵入那片沿岸平原的时机，还想悄然流入山麓小丘周围，在山脉间的底部拍打着浪花。正如鳗鱼一般，在海湾口的等待只是它们持续变化着的漫长的一生中的一个插曲，而海洋、海岸和山脉间的关系从地质时期来看，也只是类似的一个瞬间。因为，山脉终究会再一次被海水无尽的侵蚀磨平，并以淤泥的形式被带到海洋里，而那时，所有的海岸会再一次填满海水，岸上的所有城市与乡村也会再次归于大海。

gyrfalcon

虎鲸

orca

词汇表

鮟鱇 (angler fish)：鮟鱇声名狼藉，可能是最丑陋、最惹人厌和最贪婪的鱼类。鮟鱇的头占了身体的一半，而头的大部分都被嘴占了，因此获得一个别名——"全嘴鱼"。鮟鱇分布在大西洋南侧和北侧，体长可达四英尺。

螯 (chela)：龙虾身上如钳子一般的大爪。螯里的肌肉被认为是龙虾身上最受欢迎的可食用部分。无论是用于攻击还是防守，螯都是非常有效的武器。

白鲳 (spadefish)：这种鱼的身体近乎圆形，且很扁，所以在一些地区又被称为"月亮鱼"。白鲳的体长介于一至三英尺之间，它们通常在船只残骸、木桩和石头附近搜寻带壳动物。白鲳分布于马萨诸塞州与南美洲之间。

半蹼鹬 (dowitcher)：一种中等体形的长喙滨鸟，鹬科。迁徙期间出没于大西洋海岸，在佛罗里达州、西印度群岛及巴西过冬，在加拿大北方、哈得孙湾东部筑巢。

瓣蹼鹬 (phalarope)：一种小型鸟，体形介于麻雀与知更鸟之间。虽然在分类上属于滨鸟，但它们的冬歇地与海鸟的更接近。在迁徙期间，人们能在海岸看见大量的瓣蹼鹬，它们会继续南下，穿越赤道。这些一流的游泳选手在海上以浮游生物为食，据说，它们有时还会降落到鲸背上，啄食附着在那里的海虱。

暴风鹱 (fulmar)：一种生活在开阔海洋上的鸟类，与海燕和剪水鹱同属一科。它的体形比银鸥稍小，大部分时间都在空中活动，在暴风雨天气中更为活跃。夏季时，它们一般会待在格陵兰（丹）、戴维斯海峡和巴芬湾；冬季时，它们主要栖息于美洲沿岸，尤其是大浅滩和乔治斯浅滩。

北鲣鸟 (gannet)：在大西洋西岸，北鲣鸟只在圣劳伦斯湾的石崖上筑巢，它们在北卡罗来纳州至墨西哥湾之间过冬。这些大白鸟生活在开阔的海洋上，需要进食时，它们常常先飞到一百英尺高的空中，然后凭借强大的冲击力潜入水中。有时，数百只北鲣鸟会一起攻击鲱鱼群或鲭鱼群。

饼海胆 (sand dollar)：如果所有海洋生物的外观都如海胆一样，那辨认起来就容易多了。这种又圆又扁的硬皮或称甲壳让人立刻联想到它的俗名[1]，而星形的、沿着背壳伸展开的身体表明了它和海星的亲缘关系。通常来说，海胆生活在离海岸较近的海底处，但却经常被海水冲到沙滩上，所以它的外壳出现在沙滩上一点也不奇怪。活海胆的壳上布满了柔软、光滑的刺。

1. 饼海胆的英文俗名直译为"沙钱"。——译者注。

不等蛤 (jingle shell)：一种小型软体动物，壳非常薄，通常是亮金色、柠檬色或桃色。在沙滩上，不等蛤的空壳聚成一排，据说，当海风出来或海潮涌起时，它们就会叮当作响。不等蛤生活在西印度群岛与科德角之间。

侧腕水母 (Pleurobrachia)：一种小型栉水母，体长在半英寸到一英寸之间，其触手很长，呈白色或玫瑰色。当它们聚集在某处时，会吃掉大量的幼鱼。

侧线 (lateral line)：侧线是一排气孔，沿着鱼身的侧面从鳃盖一直延伸到尾部。在大多数鱼的身上都能找到侧线。在鱼身体里，这些气孔通向一条长长的、充满黏液的管道，这条管道连接丰富的感官神经。据说，侧线器官可以探测到人耳几乎听不到的低频声波振动。这意味着一条鱼可以的远距离外感受到另一条鱼在靠近；同时，这也意味着一条鱼可以探测到附近是否有障碍物，例如石墙。而最近的实验证明，鱼的侧线还可以测出水温的改变。

尺蝽 (marsh treader)：一种身体细长的水上昆虫。它在睡莲的叶上或水面上走来走去，监视着蚊子的幼虫、划蝽和小型的甲壳动物，等待捕食时机的到来。

长尾鸭 (old squaw)：一种海鸭，以躁动活泼的个性、聒噪的叫声和对冬季暴风雨天气的耐受闻名。它在北冰洋沿岸繁衍后代，冬天则南下至切萨皮克湾和北卡罗来纳州沿岸。雄性长尾鸭长长的尾羽将它们与其他鸭类明显地区别开来。

川蔓藻 (widgeon grass)：一种水生植物，是多种水禽的食物。它那又小又黑的种子和藻体本身都能食用。川蔓藻生长在沿岸的半咸水中（有时也生长在咸水中），在内陆的碱水中也可以生长。

大滨鹬 (knot)：一种长得有点像旅鸫[2]的滨鸟。在四月上旬会从南美洲飞到美国。它们的筑巢地在很长一段时间都不为人所知，不过现在人们已经知道它们分布在格林内尔地[3]最荒芜和偏远的区域、格陵兰（丹）和维多利亚地等地。

2. "有点像旅鸫"原文为 some what robinlike。robin 在北美主要指旅鸫（T. migratorius），又名北美知更鸟，其外形特征、羽毛颜色均与大滨鹬有较大差异。作者此处或指与知更鸟较易混淆的另一种鸟——嘲鸫（moekingbird）。

3. 格林内尔地 (Grinnell Land) 位于加拿大努纳武特地区 (Nunavut territory) 最北部分的埃尔斯米尔岛 (Ellesmere Island) 中部。

刺网 (gill net)：刺网可以被固定在水底，可以漂浮于水面，也可以浮在任何深度的水中，而无论在什么情况下，它在水里时都能像网球网一样张开。因为鱼类的鳃盖微微突出，所以它们在试图从网孔钻过去的时候，会被刺网卡住。[1] 流刺网一般都要负重，这样才能沉到水底，随海浪流动。

1. 刺网的英文字面意思即为"鳃网"。

大耳马鲛 (cero)：鲭科中一种体形较大的银色鱼种，主要生活在南方水域。它的另一个俗名是"王马鲛"[4]。它是强壮且活跃的捕食者，经常出没于油鲱群间。

4. 此处英文为 kingfish，"王马鲛"是意译，大耳马鲛并无此中文俗名。

大陆架 (continental shelf)：大陆架是位于低潮线以下大约一百英寻深的平缓的坡底。美国的大陆架大约有一百英里宽，而在其他地方，例如佛罗里达海岸附近，大陆架只有几英里宽。现在的大陆架中，有很大一部分在相对较近的地质时期都曾经是陆地。绝大部分的海洋经济鱼类都只能生活在大陆架上方的水域中。从大陆架边缘到海渊之间更加陡峭的斜坡被称为大陆坡。

大西洋杜父鱼 (hook-eared sculpin)：一种奇特的鱼，长着扇形胸鳍，脸颊上有明显的钩。大西洋杜父鱼是冷水鱼，生活在拉布拉多以南至科德角和乔治斯浅滩区间。

淡海栉水母 (Mnemiopsis)：这种栉水母体长可达四英寸，它们成群出现在长岛、南卡罗来纳州和北卡罗来纳州之间。它们身体透明，闪闪发光，并且在晚上发出磷光。

端足目动物 (amphipod)：端足目动物与蟹、龙虾和虾同属一个大的类群，涵盖了很大一部分的甲壳动物——这些甲壳动物的身体扁平，表面覆盖着的光滑、有弹性的分节外皮，这一特性令它们在弹跳和游泳时表现出惊人的灵活性。端足目动物大约有三千个种，大多数生活在海里或者其边缘处。人们最熟悉的端足目动物应该就是沙蚤了。麦秆虫经常用后腿将自己固定在一小片海藻上，然后将身体直直地伸展开来，以便被当作海藻的一部分。麦秆虫身长大约半英寸。

大蚊 (crane fly)：成年大蚊是一种形似蚊子的长腿昆虫。一般来说，它们在黄昏时会出现在溪流附近，而天黑后则会围着光源飞。它们的幼虫生活在水里或者潮湿的地方。

大眼虾 (big-eyed shrimp)：这些虾状的甲壳动物的大眼睛因其身体近乎透明而异常显眼，因此得名"大眼虾"。尤其有趣的是，它们身上的磷光斑点的数量和排列方式会随着种类不同而变化。大眼虾会出现在水面上，通常跟成群的鱼一起，有时还会伴随着一大群海鸥。它们经常出现在激潮中。

对虾 (prawn)：对虾即虾。两个名字通常可互换，或者说，可用"对虾"指体形较大的个体，而"虾"指体形较小的个体。

鹗 (Pandion)：鹗（osprey）的学名。

翻石鹬 (turnstone)：翻石鹬令人过目难忘，这种生活在岸边、有着黑色、白色和红褐色相间的亮色羽毛的鸟儿，令人感到惊奇。它的俗名源自它用短喙翻动石头、贝壳和海藻碎片来寻找沙蚤和其他藏在底下的小生物的习惯。翻石鹬又称"印花布鸟" [1]。

1. "印花布鸟"原文为 calico bird，此处为直译，翻石鹬在中文语境中并无这一俗称。

鲂鮄 (sea robin)：鲂鮄主要生活在南卡罗来纳州与科德角之间，也有一部分生活在芬迪湾——这是鲂鮄生活的区域中最靠北的了。在外观上，它与绒杜父鱼和其他杜父鱼稍有相似，都有很宽的头和大胸鳍（鳍就在腮的后面）。鲂鮄通常待在海底，张着扇形的鳍。如果被惊扰，它就会将眼睛以下的身体部位埋进沙子里。鲂鮄什么都吃，从虾、枪乌贼、贝类到小鲱鱼和鲱鱼都不放过。

放射虫 (radiolaria)：放射虫是生活在海里的单细胞生物，其中大的肉眼可见。它们通常都包在一个结构精致的星形或雪花形硅质骨架里，从骨架的孔中伸出长长的、射线状的活物质。和有孔虫一样，它们的骨骼也会沉积在海底，形成大量的海洋沉积物。

浮游生物 (plankton)：浮游生物的英文名源于希腊文中的"漫游者"，用于统称所有生活在海洋或者湖泊表面的微小植物和动物。有些浮游生物完全不具备移动能力，只能随着水流往复运动；其他的则能够主动地四处游动、觅食。但所有的浮游生物都抵不住水面的较强的运动。许多海洋生物在幼年期都是曾是浮游生物中的一员，大多数鱼类以及底栖蛤类、海星、蟹和许多其他动物都如此。

蜉蝣 (may fly)：幼龄期[1] 在蜉蝣的生命里占据绝大部分时间，在这段时间里，它们在干净的淡水里生活，时长可达三年，它们会在浅滩或石头下掘洞，或在水底部跑来跑去。成熟期一到，它们就会浮上水面，交配、产卵，然后死去，全部过程在一至两天内就完成。成年蜉蝣的生命过程已经成为朝生暮死的象征。

1. 幼龄期又称幼期、未成熟期，指动物外形与成体相似但性腺尚未发育成
   熟的阶段。

鼓藻 (desmid)：一种微小的单细胞淡水藻类，通常是漂亮的新月形、星形或三角形，颜色为鲜绿色。

固着器 (holdfast)：藻类和其他低等植物的一种类似于根的结构，可使植物附着在底土层。

瓜水母 (beroë)：体形较大的栉水母中的一种（大约有四英寸长），吃的大多都是自己的近亲，经常吞食和自己一般大的猎物。瓜水母在七月和八月时大量聚集于新英格兰水域，在一天中最热的时候浮到水面上，而当水变凉或起浪时，它们就会潜到更深的地方。

硅藻 (diatoms)：一种单细胞藻类，在一般藻类具有的绿色色素上多了一层黄褐色。硅藻的细胞壁含有二氧化硅，硅藻死后，细胞壁会沉积到海底，它们是硅藻土的主要成分，硅藻土可以用来制作抛光粉。人们已经在落基山脉下三百英尺深的地方发现了硅藻土床层。硅藻是水生生物食物链中不可或缺的第一环，为食用它的动物提供水中的矿物养分。

硅藻细胞 (frustule)：硅藻的壳，由两个重叠的部分组成，如同盒子与盒盖。因为它的成分几乎是纯二氧化硅，所以近乎坚不可摧。这些外壳不仅在形状上多样，还有极其丰富的精致图案。这些特征有时会被用于检测显微镜镜片的性能。

海参 (sea cucumber)：海参长得可一点都不像它的近亲海星和海胆，倒是有点像长着坚韧的、厚厚的外皮的蠕虫。它们在海底缓慢地爬行，吞食沙子和泥土，从中吸取微小的有机食物。海参的防御机制非常奇怪：当受到敌人袭扰时，它们会将自己的体内器官大量地射出来，随后这些器官会慢慢地再长出来。干海参被称为 trepang 或 bêche-de-mer，中国人喜欢用干海参来煮汤，欧洲人则喜欢吃带卵的海胆。

海葵 (sea anemone)：海葵在平静地进食的时候很像一朵菊花，但它一旦被打扰，如花儿般美丽的假象就消失了，我们会看到一个很不好看的动物，它有着桶状的身体，软塌塌的。先前的"花瓣"其实是海葵伸出的许多触手，通过射出引起蜇痛的小飞镖来捕捉动物并将它们吃掉。海葵与水母和珊瑚动物是近亲，通常有着精致、美丽的颜色，尺寸介于十六分之一英寸到数英尺之间。海葵常见于潮水潭中，在码头的桩上也会生长。

海蓬子 (marsh samphire)：海蓬子又名盐角草，是一种生长在盐沼的植物。秋天它会变为鲜艳的红色，成片地生长，形成一片片颜色明亮的色块。

海鞘 (sea squirt)：海鞘的身体呈皮质、囊状，被触碰时会从两个像短茶壶嘴一样的管孔中射水。它们贴着石头、海藻、码头的桩子之类的东西生长，通过体内一套精细的系统将水里可以吃的动物滤出来。海鞘在分类上介于脊椎动物门与无脊椎动物之间。[1] 在日本、一些南美国家以及某些地中海地区的港口城市，它们都被当作食物。

1. 海鞘处于脊索动物门、尾索动物亚门，脊索动物门还包括头索动物亚门和脊椎动物亚门。

海渊 (abyss)：位于海洋中部、被大陆坡陡壁包围的深沟。海渊的底部是一片广阔而荒芜的平地，一般位于海底下三英里左右处，偶尔会出现深度到达五六英里的海谷或海底峡谷。海渊的底部覆盖着一层又厚又软的沉淀物，它们由无机黏土和不可溶解的海底微生物残骸组成。整个海渊完全无光，各处一样冰冷。

海月水母 (Aurelia)：一种扁平的茶碟状水母，通常为白色，或者偏蓝的白色，直径可达一英尺。它游泳时的样子启发人们为它取了个别名——"月亮水母"（moon jelly）。和许多其他水母不同，海月水母的触手很小，并不明显。人们在大西洋海岸和太平洋海岸都曾发现海月水母。

褐藻 (brown algae)：褐藻中有一个类群（叫作圆形石灰挑夫，round lime bearers），它们会在表面凝结出一层石灰盾，形成坚固的防御盔甲。人们在非常古老的地质沉积物里发现了石灰盾残余，其年代至少可以追溯到寒武纪。现在的褐藻在结构上基本和史前的一样。

黑线鳕 (haddock)：鳕科的一个属，几乎只生活在大陆架的上方，但对水深没有要求。有记录的最大的黑线鳕有三十七英寸长，二十四磅半重。

黑雁 (brant)：这些黑灰相间的雁最喜欢的食物是大叶藻（eelgrass[1]）的根和靠近根部的茎，因此，浅海港湾是它们的理想聚食地，在水足够浅的地方，它们会扎入水中取食大叶藻。黑雁的迁徙路径始于弗吉尼亚州和北卡罗来纳州，途经科德角、圣劳伦斯湾和哈得孙湾，止于格陵兰（丹）和最北部的北冰洋岛屿。

1. 英文单词 eelgrass 在指代海生植物时指大叶藻，在指代淡水植物时指苦草。

鸻 (plover)：鸻是一种水鸟，它们通常不会像鹬科鸟类一样在海边跑来跑去，而是更愿意待在离海水较远的沙滩上。鸻科中最为人熟悉的种类是双领鸻和环颈鸻。想要进一步区分鸻和鹬，可以观察它们的动作：鸻在跑动的时候是抬着头的，也会猛然低头探寻，就跟知更鸟一样；而鹬在跑的时候会不断低头轻啄。鸻在加拿大和北极（有几个品种在美国）筑巢，冬天则会南下至智利和阿根廷。

红黏土 (red clay)：一种底层沉积物，覆盖面积比其他任何沉积物都大，是（超过三英里深的）深海所特有的。它的主要成分是水合硅酸铝，它所处的深度使它几乎不含有机物。

缸 (sting ray)：缸那扁平的、近似四边形的身体、如鞭的长尾和尖锐的刺，使人们一眼就能认出它。缸的尾部能够刺出令人感到巨痛的伤口。缸生活在科德角到巴西之间的海岸，偶尔会出现在近海的浅水渔场。它们与鳐和鲨鱼是近亲。

划蝽 (water boatman)：几乎所有在平缓的溪流或者池塘旁待过的人都曾见过这种小昆虫，目睹过这"船夫"划过水面。它那椭圆形的"船"，也就是它的身体，只有大概四分之一英寸长；而"船桨"则是其后足，非常扁平且边缘带毛。让人惊奇的是，有些划蝽的飞行能力是很强的，它们在晚上会尽情施展这项技能，还有一些会通过摩擦前足来发出音乐般的声响。

几丁质[1] (chitin)：一种构成昆虫、龙虾和蟹等动物的外壳中较为坚硬的部分的角质物质。

1. 又称甲壳质。

虎鲸 (orca)：虎鲸又名杀人鲸，是海豚科的一员，因长有很高的背鳍而可被轻松地与其他海豚科动物区分开来。虎鲸成群地在海面上快速移动，它们会攻击鲸、海豚、海豹、海象和其他大型鱼类。它们极其强壮和勇敢，即使体形巨大的鲸都会因它们的靠近而吓瘫。

黄脚鹬 (yellowlegs)：大黄脚鹬和小黄脚鹬有时都被叫作"告密者"或者"饶舌鸟"，因为它们习惯于在有危险的时候，通过发出响亮的叫声来警告那些不太警惕的鸟。小黄脚鹬几乎不会在春天出现在大西洋沿岸，因为它们的迁徙路线是从密西西比州上空直接飞到位于加拿大中部的繁殖区。大黄脚鹬和小黄脚鹬在秋天都会出现在东部的海滩上——一群长着显眼的黄脚的滨鸟。它们在冬天会南下至阿根廷、智利和秘鲁。

寄居蟹（hermit crab）：这种奇特的小蟹生活在类似蜗牛的软体动物的壳里，随身拖着这"房子"来保护它们那只覆盖了一层薄皮的脆弱的腹部。当寄居蟹长的大到房子容不下它的时候，就必须寻找一个新房子，它对新房子的考察相当谨慎。一旦选定了新房子，它就会迅速地冲出旧房子，跑到新房子里。据说，寄居蟹不仅会选择空壳作为房子，还会将已被占的壳中原有的主人赶走后自己入住。

甲壳动物（crustacean）：长着分段外壳，并且附肢分节的动物叫作节肢动物；而生活在水里、用鳃呼吸的节肢动物就是甲壳动物。人们比较熟悉的甲壳动物包括龙虾、藤壶、虾和蟹。

剪水鹱（shearwater）：一种只有在被风浪驱赶的情况下才会出现在美洲沿海水域的海鸟。其中一个种——大鹱——的迁徙很不同寻常。显然，大鹱的所有成员都在南大西洋上偏远的特里斯坦－达库尼亚群岛上繁衍后代。在那里，它们会在地下深处长满草的隧道里筑巢。每逢春天，它们就会集体出发，往北迁移，来到新英格兰地区的沿岸水域，从当年的五月中旬至十月中旬或十月底，它们都会待在这儿。随后，大鹱会穿越北大西洋并继续南下，沿着欧洲和非洲的海岸飞回到它们在海岛上的栖息地。据说，一只鸟完成一次这样的旅程需要两年时间，而它们每两年繁殖一次。

剪嘴鸥（Rynchops）：黑剪嘴鸥（black skimmer）的学名。

建网（pound net）：一种水底迷宫般的渔网，固定在水底的桩上。开口设置在鱼类平常都要经过的路径上，鱼入网后会游经网中的数个分区，很难再找到出去的路。在网的最后一个分区——被称为"壶"或"槽"，还会额外布置一层网。

箭虫（glassworm）：在英文中，也叫作 arrowworm 或 sagitta[1]。这种透明、细长的蠕虫状生物只生活在海洋里，从水面到深海都能找到它们的踪迹。箭虫是凶猛且活跃的肉食动物，它们大量捕食幼鱼。

1. 箭虫属在英文中的学名，源于拉丁语单词，字面意为"箭头"。

鳉鱼 (killifish)：一种成群行动的小鱼。在北美东海岸沿岸的浅海湾、小海湾和沼泽地能找到由数千条鳉鱼组成的庞大鱼群。

巨口鱼 (dragonfish)：虽然巨口鱼（又称蝰鱼，viperfish）长相凶恶，但只有较小的深海鱼类会惧怕它，因为它只有一英尺长。这种鱼可能一生都待在海底一千多英尺的黑暗世界里。[1]

1. 一般英文单词 dragonfish 在指代巨口鱼科时主要指 barbeled dragonfish，它是巨口鱼科中一种会发光的鱼类，viperfish 是巨口鱼科蝰鱼属，正文中的 dragonfish 一词译为蝰鱼。

筐蛇尾 (basket starfish)：海星的一种，具有错综复杂的腕，通过顶着腕尖来移动。它的食物是那些不幸闯入它那如刷子般的腕中的鱼。筐蛇尾生活在长岛东部往北的外滨水域里。

昆布 (oarweed)：昆布是一种褐色海藻，昆布属，体形大，叶子宽阔，质如皮革。较大的昆布生长在深水区域，但经常被撕碎并冲到岸上。昆布类群的俗名还有"恶魔的围裙"（devil's apron）、"鞋底皮"（sole leather）和"海带"（kelp）。这些藻类是人类已知的体形最大的植物之一。太平洋海岸的某个种可长到几百英尺长。

角藻 (Ceratium)：一种直径约为百分之一英寸的单细胞生物，植物学家和动物学家都将它归于自己的研究领域，但它通常被认为是一种动物。角藻会发出很强的磷光，以至于在它们高密度聚集时，海水一波动便会泛光。

康吉鳗 (conger eel)：康吉鳗只生活在海里，在美国海域的康吉鳗能长到十五磅或者更重，而欧洲的康吉鳗最重能长到一百二十五磅。这种鱼食量极大。

雷鸟 (ptarmigan)：雷鸟是一种形似松鸡、生活在东西半球的北极冻原上的鸟类。在冬季，当白雪覆盖了冻原上的食物时，它们就会集体迁徙到内陆地区受到保护的河谷。偶尔有雷鸟会在冬天出现在缅因州、纽约州和北方的其他州。

猎鸥 (jaeger)：猎鸥与海鸥和燕鸥同属鸻形目，但它们的生活习性却更像隼或其他猛禽。它们在海上过冬时，会像海盗一样抢夺海鸥、剪水鹱和其他鸟类的战利品。在北极冻原筑巢时，它们依靠捕食小型鸟类和旅鼠维生。[1]

1. 在英文中，skua 指中贼鸥属的多种鸟类，其中三种体形较小的被称作
   jaeger。在本书词汇表中，作者对于 skua 和 jaeger 两个词条的描述非常
   相似，为作区分，本书将前者译为贼鸥，将后者译为猎鸥。

轮藻 (chara)：这种淡水藻类在水塘或湖泊的水下成片生长，从含有石灰的土壤中吸收水分。这种植物的特点是粗糙、易断，因为石灰中的碳酸盐沉积在其组织中和表面上。在某些水域，轮藻可形成大量泥灰岩残余，泥灰岩是一种易碎的石灰质物质，可作为化肥用于缺少石灰的土壤上。小叶从茎的中部长出来，一簇簇如枝状烛台一般，而子实体则像是针头大小的半透明日本灯笼，子实体有橙色的，也有绿色的。

鳗鲡 (Anguilla)：普通鳗鱼的学名。

旅鼠 (lemming)：一种外形似老鼠的小型啮齿目动物，长着短尾、小耳朵和毛茸茸的脚，主要生活在北极地区。拉普兰旅鼠因定期进行大规模迁移而为人熟知。迁移时，它们会成群结队地沿着确定的方向前进，一切障碍都无法阻止它们前进的步伐。来到海边时，它们会直冲入海，溺水死亡。

矛隼 (gyrfalcon)：一种大型北极隼，身体大部分呈白色，主要捕食小型鸟类和旅鼠。它偶尔也会往南飞到新英格兰地区、纽约州和北宾夕法尼亚州度过冬天。

鸟蛤 (cockle)：一种具有心形壳的软体动物，壳内外通常长有精致的放射肋[1]。鸟蛤比其他水生贝类更加活跃，在水底通过惊人的跳跃和下落前进。它们先用力地向外伸出一只有力的"脚"，再将它曲缩回壳内，接着突然伸直，进而产生前进的动力。

1. 放射肋是贝壳表面呈放射状隆起的肋纹。

鸊鷉 (grebe)：在水上游泳的鸊鷉看起来很像鸭子，不过当受惊时，它们会潜入水里，而不是飞走。它们可以在水下游很长的距离，被渔民的网抓住也不是什么稀罕事。它们一般生活于湖泊、池塘、海湾和海峡，有些也会到达海上五十英里或更远的地方。

平口鲷 (spot)：这种鱼名字的字面意思为"斑点"，源于它们肩部两侧各一个的褐色或黄色圆形斑点。它们生活在马萨诸塞州与得克萨斯州之间的沿岸水域，是一种常见的食用鱼。雄性平口鲷会发出一种咕咕声，和石首鱼发出的声音有些相似，但音量较小。

枪乌贼 (squid)：大西洋沿岸一般的枪乌贼大约有一英尺长，它们经常大量出现在沿岸水域中。枪乌贼作为鱼饵被广泛用于渔业中。它们以敏捷的动作和根据环境变色的能力著称。与牡蛎和蜗牛一样，枪乌贼也是软体动物，但它们的外壳已经演变为一种叫作"钢笔"的修长的内部角质结构。枪乌贼与大名鼎鼎的大王乌贼除了尺寸外没什么差别，现已知最大的大王乌贼包括触角在内的体长达到了五十英尺。

青鲈 (cunner)：一种身体非常扁平，背鳍长且多刺的鱼。它们通常在拉布拉多与新泽西之间的海域的码头桩和海堤附近出没，有时也会出现在外滨。

鲭 (scomber)：鲭鱼的学名。

犬齿牙鲆 (fluke)：犬 齿 牙 鲆（Paralichthys dentatus，亦称夏季鲆，summer flounder）在中大西洋地区[1]和切萨皮克湾的常用名。犬齿牙鲆是鲆科中比较活跃的一种食肉鱼类，它们有时会到海面上追捕鱼群。它们就像变色龙一样，可以改变自身颜色，使之与背景颜色一致。一般的犬齿牙鲆大概两英尺长。

1. 中大西洋地区是美国行政区划中一个大区，由纽约州等七个州及华盛顿特区组成，因位于大西洋海岸中部得名。

秋沙鸭 (merganser)：秋沙鸭吃鱼，擅长潜水和在水下游泳。它们的喙上有尖锐的齿状突起，非常适合捕捉身体表面光滑的猎物。

桡足类动物 (copepod)：甲壳动物中的一个亚纲，体长不超过五分之二英寸，且大部分都远远小于这个尺寸。桡足类动物中有很多是自由游动的浮游生物；还有一些寄生在其他生物的身体上，但不会对宿主造成任何危害；剩下的则寄生于鱼的鳃部、皮肤或肉中。它们是海洋食物链中最重要的环节之一，通过它们，植物才能够成为幼鱼和其他捕食者的营养来源。

绒杜父鱼 (sea raven)：这种鱼也许是杜父鱼族里最奇特的一个成员了，它长着巨大的、多刺的头以及锯齿状的鳍和凹凸不平的皮肤。它们生活在拉布拉多至切萨皮克湾之间的沿岸水域，在科德角北部最为密集。当绒杜父鱼被从水里捞上来时，它们的身体会充满气，像个气球一样；被抛回水里后，它们会无助地仰面漂浮着。这种鱼不会在市场上售卖，但是渔民经常在捕到这种鱼后将它们留作捕龙虾的诱饵。

绒鸭 (eider)：绒鸭是真正的海鸭，在冬季往新英格兰地区和中大西洋地区海岸迁徙期间，它们大多数时间待在外滨，通常它们在贻贝床上活动，在这里，潜下水就能捕到食物。绒鸭是美国鸭绒的主要材料来源。

鳃耙 (gill raker)：鱼呼吸时先用嘴吸水，然后将水从鳃孔排出，鳃孔两侧纤细的鳃丝会吸收水中的氧气。鳃耙是一块骨质突起，位于鱼体内通向鳃孔的入口。它们的作用是将水里可食用的生物滤出，并保护鳃丝，使之免于伤害。它们曾被比作人类身上用于阻挡食物进入气管的会厌。

三趾鸥 (kittiwake)：三趾鸥是一种小型海鸥，它们是同族鸟类中最辛苦的，因为它们是实至名归的海鸟，除迁徙期外极少出现在内陆。它们会随着横跨太平洋的客轮到达非常远的地方。

三趾鹬 (sanderling)：三趾鹬是鹬科中体形较大的一种，它是典型的滨鸟。三趾鹬的迁徙路线是鸟类中最长的之一——从位于北极圈的巢穴南下至巴塔哥尼亚。

僧帽水母 (Portuguese man-of-war)：很多人都见过僧帽水母美丽的蓝色浮囊在水面上漂浮的样子，僧帽水母在热带水域和墨西哥湾流尤为常见。浮囊的功能类似于贮气器或者船帆，下面悬垂着可以伸展至四十到五十英尺的触手，这些触手可用作锚钩。僧帽水母属于广义的水母类群，且被看作是其中最危险的一员，因为被它蜇伤后会产生强烈的疼痛，甚至丧命。[1]

1. 僧帽水母，字面意为葡萄牙战舰，得名于与其外形相似的一种 18 世纪葡萄牙战舰。严格来讲，僧帽水母并不是水母，因为它们并非一种多细胞生物，而是由被称作个虫（zooid）的许多单个生命体组成。

沙蚕 (Nereis)：沙蚕是一种活跃且优雅的海洋蠕虫，体长因种类而异，短至两到三英寸，长至十二英寸。它们在浅水区域的石底和海藻丛间出没，有时也会游到水面上。沙蚕一般呈青铜色，泛着漂亮的彩虹色光泽。它们强壮的角质颚使它们成为活跃的捕食者。[1]

1. 正文中作者指代沙蚕时常用
   clamworm。

沙蚤 (sand flea)：这些小小的甲壳动物是沙滩上重要的清道夫，它们吞食刚刚死去的鱼类的尸体和各种有机垃圾。如果翻开一片潮湿的海藻，你就能看见几十只沙蚤敏捷地跳出来，它们通常体长不足半英寸。某些种类的沙蚤会生活在浅水中，而其他的则生活在湿沙或海藻中。

沙蟹 (ghost crab)：一种体形较大的蟹，颜色暗淡，以至于它们在沙滩——它们的居住地——上时几乎是隐形的。从新泽西到巴西都能找到它们的身影，在我们南方的海滩上更是常客。这种生物非常机警，可以将敏捷的奔跑者远远抛在后面。虽然在必要时沙蟹会毫不犹豫地下水，但它们主要还是生活在高潮线以上大约三英尺深的洞穴里。

扇贝 (scallop)：无论是在东海岸还是西海岸，扇贝的空壳都十分常见。扇贝的壳呈扇形，明显的放射肋从扇形的底边伸展开来，某些品种在扇底还会长出横向的翼状突起。扇贝与牡蛎和蛤一样，是可食用的软体动物，不过扇贝中只有那一大块用于控制壳的开关的强壮肌肉可以食用。市场上售卖的就是这部分。扇贝绝不是好静的贝类，它们通过快速张开、合上壳，在水里不规则地快速游动。

杓鹬 (curlew)：一种大型长喙鸟类，与鹬属同一类群。杓鹬冬天生活在南美洲的太平洋海岸，随后会沿太平洋海岸或沿中美洲、佛罗里达州及大西洋海岸到达北冰洋海岸进行繁殖。在过去的一世纪里，长喙杓鹬和极北杓鹬基本上已经灭绝，但现在仍有相当数量的赫德森杓鹬存活。

石莼 (sea lettuce)：一种亮绿色的海藻，叶茂盛而扁平。虽然石莼的叶如纸一样薄，但它却常常生长在有大浪拍打的岩石上。

石首鱼 (croaker)：石首鱼在新英格兰地区以南的大西洋海岸数量庞大，它的俗名[1]来源于它的发声本领：通过鼓动鳔（一个长在脊椎下如气球般的囊）上那对特别的肌肉，石首鱼可以发出一种咕噜声或呱呱声，这声音在水里能传播得很远。石首鱼的另一个俗名是"硬头鱼"（hardhead），这个名字在切萨皮克湾尤为常用。

1. 即英文 croaker，直译为"发出呱呱声者"。——译者注。

水虻 (soldier fly)：水虻得名于它们的成虫身上的灰白条纹。[2]其部分种类的幼虫生活在水里，形如纺锤，看起来像死了一样，通过伸出水面的长长的气管获取氧气。[3]

2. 水虻的英文名直译意为"士兵蝇"。——译者注。
3. 正文中并未出现此种生物。

水母体 (medusa)：钟形、伞形或碟形的常见水母属于水母体。在部分水母的生命周期中，水母体和水螅体交替出现。（见"水螅体"。）

水螅体 (hydroid)：一种长得像植物的动物，属水母类群。水螅体的一端可附着在其他物体上，另一端长有口，并布满触手。水螅体成群出现时特别像多枝的植物，中间有一个向其他部分输送食物的柄。

水鸭 (teal)：蓝翅水鸭体形虽小，却是鸭科中游得最快的。它们迁徙的范围始于纽芬兰和加拿大北部，南至巴西和智利，不过也有许多会在中大西洋地区各州所处的纬度上过冬。

苔藓虫 (Bryozoa)：苔藓虫是一种生活于海中和淡水中的动物，它们的身体通常呈复杂的枝状或苔藓状。早期的博物学家认为它们是植物。有些种类的苔藓虫会依附在石头和海藻上，形成花边状的石灰质硬壳。苔藓虫是一种非常古老的生物。

滩蚤 (beach flea)：见"沙蚤"。

藤壶 (barnacle)：虽然藤壶由坚硬的壳包裹着，但它并不像许多人以为的那样，与牡蛎和蛤有亲缘关系，它是甲壳动物，与蟹、龙虾和水蚤是近亲。藤壶浸在水里时，壳是张开的。长着如鸵鸟毛般精致的刚毛的腿有节奏地向外伸展，为细管中的血液输送氧气，并将小猎物踢进嘴里。潮退时，生长在高潮线与低潮线之间的藤壶会咔的一声合上它们的壳。

鳀 (anchovy)：鳀是一种长得像鲱鱼的银色小鱼。它们通常成群行动，是许多体形相对较大的鱼的猎物。一般的鳀长约两至四英寸。

铁爪鹀 (longspur, lapland)：铁爪鹀与燕雀、雀同属雀形目，与歌带鹀体形相近。在冬天，铁爪鹀偶尔会出现在美国北部和加拿大南部，而在夏天，它们会生活在加拿大北部树线[1]以北、格陵兰（丹）和零散的北极岛屿上的筑巢地。在西部平原，它们给人的印象是"排着长长的、零散的队伍，一起唱着歌"。

1. 树线是极地（或高山）天然森林垂直分布的上限，在超过树线的区域树木无法生长。

网板拖网 (otter trawl)：网板拖网是一个大的圆锥体状的网，被沿着海底拖行。网板拖网平均一百二十英尺长，网口有一百英尺宽。在被拖行时，网口会被两个很重的橡木门撑至十五英尺高，这个高度能让两个门在水力的作用下相互拉扯，由此保证网口不会封闭。两个门则由长长的拖缆连在船上。

威尔逊海燕 (petrel, wilson's)：这些小鸟常常被称为"凯莉母亲的小鸡"，它们在夏天会来到美国的海岸，冬天则会回到位于南美洲南端、甚至南极圈中的岛屿的筑巢地。它们以跟随船只尾迹、长得像燕子的形象深入人心，在跟随船只时，它们会在水面上明显地跃动。

围网 (purse seine)：围网是一种包围型的网，投放于深水区域，用于捕捉水面上的鱼群。可被看见的鱼才能被围网捕到——要么日间在水里形成黑色色块，要么在晚上发出耀眼的磷光。围网以垂直的圆形投入水中，圆的中心对准目标鱼群。随后通过拉起围网底部的线，渔网就会围起[1]或称皱起。下一步就是把渔网松弛的部分拉起来，将鱼集中在取鱼部或者股线最结实的部位，然后用类似抄网的工具将鱼取出。

1. 围网的英文由 purse 和 seine 组成，purse 意为女士钱包，这种包上窄下宽，似饺状，围网因外形特征与这种钱包相似而得名。此处"围起"的原文为 pursed，以钱包合上的动作比拟围网收口的动作。

无须鳕 (hake)：和黑线鳕一样，无须鳕也是鳕科中的一员，不过无须鳕身形比较纤细，尾部细长，在外形上不太像鳕科鱼类。无须鳕的一个特征是有一条长长的、像触须一样的腹鳍，可用于探测海底是否有猎物。[2]

2. 英文 hake 一词可用于指代鳕科（主要为无须鳕属）中十几种不同的鱼类。

鳚 (blenny)：这种小鱼生活在从高潮线水下三十至五十英寻深的海藻和石头之间，有时还能在更深的水中生活。它的身体细长，身形有些像鳗鱼，鳍几乎有整个背部那么长。

虾 (shrimp)：活虾很像小的龙虾。海鲜市场上的虾都只有节节相连、灵活易曲的"尾部"而没有头，头部由于肌肉非常少，所以在加工厂里都被去掉了。

霞水母 (cyanea)：大西洋海岸体形最大的水母。在寒冷的北方水域，它们的钟形身体可以达到七英尺半宽，而触角可超过一百英尺长。这种庞大的生物体内大约百分之九十五都是水。一般的霞水母大约三到四英尺宽，触角长三十到四十英尺。如果碰到它们的触角，人会感到剧烈的疼痛，因为触角上蜇人的细胞发出了数百个微小的"飞镖"。北方水域的霞水母是红色的，而在南方的霞水母则是浅蓝色或奶白色的。

纤毛 (cilium)：从细胞表面延伸出来的一种细小的、毛发状的突起。纤毛一般成群出现，它们通过有节奏的拍击运动来制造水流。一些单细胞动物和单细胞植物，还有一些更高等的生物的幼体都通过纤毛来移动。

雪鹀 (snow bunting)：这种有时被称作"雪花"的小鸟属于雀形目。它们在北极圈筑巢，冬天则会南下至加拿大南部和美国北部。

仙女木 (Avens, mountain)：蔷薇科中的一种耐寒的、低矮的（半）灌木，又名"野生药水苏"[1]，生长于北极地区和北温带地区。它的花又大又白，叶子据说是雷鸟在冬天的一种主要食物。

1. 未查到中文相应说法。

雪鹭 (egret, snowy)：雪鹭常常被称为"鹭中最优雅的一员"，它曾经由于人类为获取它在繁殖季的美丽羽毛而进行的无节制的猎杀而险些灭绝。雪鹭长得很像幼年的青鹭，但雪鹭的脚是黄色的，可以此作为区分它与青鹭的标志。

岩高兰 (crowberry)：一种常绿匍匐状灌木，生长于从阿拉斯加州到格陵兰（丹）的北极地区，最南可到美国北部。它的果实是北极鸟类最喜欢的食物。

鼹蟹 (sand bug)：鼹蟹在从科德角到佛罗里达州的沿岸沙滩非常常见，在那里，它们会以大型群体生活在高潮线和低潮线之间。海浪在沙滩上冲刷后会留下凹痕，这时通常有鼹蟹在薄薄的水面上爬行。它们身上背着一个椭圆形的壳，保护着曲在下面的尾部或腹部。作为它们远亲的寄居蟹，会选择用另一种方式来保护自己只有一层薄皮的腹部（见"寄居蟹"）。鼹蟹在英文中有时也被称为 hippa crabs，这源于它们的拉丁学名 Hippa talpoida。

燕鸥 (tern)：燕鸥是典型的海滨鸟。它们的标志性形象是在飞翔时习惯性地低头侦察水面，一旦发现鱼的踪迹便会潜下水去捕捉。它们聚集形成规模庞大的集落，在偏远的沙滩或是沿海岛屿上筑巢。燕鸥属的一个种类——北极燕鸥——的迁徙路径是有记录的最长的迁徙路径之一，它始于北美北极[1]，经过欧洲和非洲，终止于南极地区。

1. 北美北极（the North American Arctic）包括美国阿拉斯加州北部、加拿大北部及格陵兰（丹）等地。

羊头原鲷 (sheepshead)：一种生活在马萨诸塞州至得克萨斯州之间的沿岸水域的食用鱼。它们差不多总是出现在沉船残骸、防波堤和码头附近。羊头原鲷的名字或许源于它们的头的特殊形状，尤其是那些很大的、形似绵羊牙的牙齿。

药水苏 (betony)：见"仙女木"。

叶绿素 (chlorophyll)：植物的绿色色素，在叶生成淀粉和糖的过程中必不可少。

曳绳钓 (line trawl)：曳绳钓是一种老式的钓底栖鱼的方式，它并没有完全被柴油驱动的现代网板拖网取代。使用曳绳钓的时候，每条船后面都会拖着潜板，上面装着齿轮。曳绳钓的主要构造是一条长基线，长基线上有带着诱饵的短线，每个短线间的距离约为五英尺。每一条长线都由一个浮标固定并标记着。渔民会定时将线拉起来收鱼。有时候（在曳绳钓下面通过时），长线只是搭在潜板上，便于将捕到的鱼拿起，重新上饵，再立即投入水中使用。

夜光虫 (Noctiluca)：这种单细胞动物（直径约为百分之三英寸）是海洋里的主要光源之一，不时以强烈的磷光照亮大片水域。白天，漂浮着的大群夜光虫可以将海水"染"成红色。

翼足目 (pteropod)：一种和普通蜗牛在亲缘上非常相近的软体动物，但在外观上和生活习性上与平淡无奇的蜗牛没什么共同点。翼足目在开阔的海洋的上层水域优雅地畅游。一些翼族目种类长有纸一样薄的壳，剩下的没有壳，并有着漂亮的颜色。有时，它们会在某些地方大量出现，许多会被鲸吃掉。

银汉鱼 (silverside)：一种细长的小鱼，体侧长着一条银色的带状纹，在淡水和海水中均可存活。这种鱼常成群出现在海岸线的沙质海滩附近。

银鳗 (silver eel)：鳗鱼在迁徙过程中有时候被称为"银鳗"，因为它们的腹部呈充满光泽的银色。

银无须鳕 (whiting)：银无须鳕是一种强壮且精力旺盛的鱼类，它们会从水底游到水面捕食——它们的捕食对象是几乎所有体形比它们小的、成群出现的鱼类。银无须鳕有时也被称为 "silver hake"，它们和鳕鱼是近亲，但更加活跃和修长。它们主要生活在巴哈马到大浅滩之间，从感潮水域到深至约两千英尺的水底均有分布。

英寻 (fathom)：海洋测量单位，一英寻等于六英尺。

有壳翼足动物 (winged snail)：见"翼足目"。

有孔虫 (Foraminifera)：一种单细胞生物类群，通常长有石灰质的壳，壳上有大量小孔，生命物质或称原生质会从这些孔向外伸出。这个过程产生的视觉效果非常美。这种微小的生物死后，它们的壳会沉到海底，最终形成可能达到一千英尺厚的石灰岩矿床。埃及金字塔就是由巨大的石灰岩块建成，而这些石块由有孔虫化石构成。

油鲱 (menhaden)：油鲱与西鲱和鲱鱼是近亲，它们生活在新斯科舍至巴西之间。油鲱被大量捕捉，用于炼油、制作动物饲料和肥料，但它们并不是食用鱼。据说，油鲱基本上是所有会游泳的大型食肉动物的食物，这些动物包括鲸、鼠海豚、金枪鱼、剑鱼、青鳕和鳕鱼。

幼蟹 (crab larva)：刚刚出生的蟹身体透明，头很大，一点也不像它们的父母。随着不断长大，它们必须蜕下那覆盖在它们身上的如铠甲般的硬皮，它们会像这样经过多次蜕皮，每次蜕皮都会使它们的外形更接近成年蟹。幼蟹早期生活在水面附近，到处游泳，十分活跃，同时在周围的水里捕食比自己小的生物。

玉筋鱼 (launce)：一种纤细的、身体呈圆柱形的鱼，长得有点像小鳗鱼。退潮时，它将自己埋在在高潮线与低潮线之间沙子里。这种鱼大量生活在自哈特拉斯角到拉布拉多的沙质海滩附近，在近海浅滩较浅处数量也很庞大。和其他小型的成群生活的鱼类一样，它也是长须鲸等许多海洋猎食者的食物。

玉筋鱼 (sand eel)：见"玉筋鱼"(launce)。

圆嘴鱼 (round-mouthed fish)：一种生活于海洋中层的鱼类，长有数排边缘为黑色、中间为银色的磷光器官。鱼身根据所处的海水深度呈现从浅灰色至黑色的不同颜色。（海水越深，环境越暗，鱼的颜色也越深。）它们的嘴极大，在张开的时候非常圆，因此得到"圆嘴鱼"这一俗名。

月亮水母 (moon jelly)：见"海月水母"。

月鲹 (lookdown fish)：一种非常奇特的鱼，在切萨皮克湾以南的地区常见。它的身体扁平，中间宽头尾窄，呈美丽的银色，带有乳白色光泽。月鲹的轮廓又长又直，"前额"很高，使它看起来就像正在向下看自己的鼻子一样。

藻类 (alga)：藻类属于植物界四个门中的第一个门，是最简单且可能最古老的植物。它们没有真根、茎和叶，往往只有简单的叶状藻体。藻类的尺寸各异，小的只有通过显微镜才能看到，大的有几百英尺长。（见"昆布"。）

贼鸥 (skua)：贼鸥是公海上的海盗鸟。在冬天，它们大量聚集在新英格兰地区的浅水渔场，恐吓不那么好战的海鸥、暴风鹱、剪水鹱和其他鸟类，逼它们将捉到的鱼、枪乌贼或者其他食物都交出来。贼鸥在格陵兰（丹）、冰岛和北极岛屿上筑巢。

窄牙鲷 / 真鲷 (scup or porgy)：这种古铜色和银色相间的鱼类大量分布在从马萨诸塞州至南卡罗来纳州沿岸的海域。部分窄牙鲷定期洄游，从位于弗吉尼亚州沿岸的越冬地游到新英格兰地区，并在罗得岛和马萨诸塞州沿岸产卵。它们通常生活在海底，不过有时候也会成群地游到水面附近，像鲭鱼一样。

招潮蟹 (fiddler crab)：一种生活在海滩和盐沼上的小型群居蟹。雄性招潮蟹的一只螯比另一只大得多，较大的螯可作为武器用于防御和攻击。这只像小提琴一般的螯[1]某种意义上也是雄性招潮蟹的一个劣势，因为它们就只剩下一只螯用于捕食了，而雌性招潮蟹却有两只螯可用于捕食。招潮蟹通常大量聚集在高潮线和低潮线之间，每只蟹都有自己的小洞穴。

1. 招潮蟹的英文名 fiddler crab 直译即为"提琴手蟹"。——译者注。

哲水蚤 (Calanus)：一种小型的桡足类甲壳动物（约八分之一英寸长），在特定季节，会大量聚集在新英格兰海岸的水域中。哲水蚤的经济价值十分可观，因为它是鲱鱼和鲭鱼的主要食物之一，同时也是弓头鲸的主要食物来源。（见"桡足类动物"和"甲壳动物"。）

褶胸鱼 (hatchetfish)：一种扁平的银色深海鱼，长有高度发达的发光器官。

栉水母 (ctenophore)：一种和水母相似的海洋动物。大多数栉水母呈圆筒形或者梨形，它们通过拍打毛发状的纤毛来游动。这些纤毛纵向排列为八条，栉水母因此得名[2]。在阳光下，它们会现出彩虹般美丽的颜色，在黑暗中，它们通常会发出磷光。栉水母在经济上非常重要，因为它们会吃掉大量的幼鱼。

2. 栉水母的英文俗名为 comb jelly，意指其形状像梳子，"栉水母"这个中文名很好地体现了这层意思。

侏海雀 (dovekie)：一种比旅鸫稍小的海鸟，与海雀和海鹦同属一科。它们只有筑巢时才上岸。在海里，它们是一流的潜水者，它们借助翅膀来游泳，而不是像它们的远亲潜鸟一样用双脚游泳。

足丝 (byssus thread)：如蛤和贻贝等某些贝类，拥有一种腺体（尤其是在幼儿期），从中分泌出来的液体会变硬，形成一根与海水接触的坚硬的丝状物。这根丝状物叫足丝，能帮助贝类在海浪的拉扯和潮汐流中保持不动。

樽海鞘 (salpa)：樽海鞘是一种海洋动物，身体呈桶形，透明。单个的樽海鞘体长约为一英寸或更长，它们会形成群体或链条。樽海鞘是展现了硬化的棍棒形骨针产生初期的生物之一，这种骨针是脊椎动物的脊椎的雏形，但它或许只是进化树的一个分支，并没有直接发展出脊椎。